大型固废基地湿垃圾资源化处理与运营管理300问

陈跃卫　周海燕　主　编
刘先凯　张　健　缪春霞　副主编

化学工业出版社
·北京·

内容简介

本书依托上海市重大湿垃圾末端资源化处置设施——上海老港生物能源再利用中心一期项目，采用一问一答的形式，从生产、设备、安全、环保等多个角度出发，梳理并分享了老港生物能源再利用中心的成功工程实践经验及科技研发成果。全书共4章，分别为概念与项目背景、技术工艺与生产运营、设备构成与维修保养、生产安全控制与管理。

本书囊括了基础理论知识与运营实践经验，兼具科普性与专业性，不仅可作为湿垃圾处理工艺等的科普用书，还可作为湿垃圾处置设施内部培训用书以及湿垃圾处理的专业技术与运营管理人员参考用书，同时对国民垃圾分类知识的增进与意识的养成具有积极的推进作用。

图书在版编目（CIP）数据

大型固废基地湿垃圾资源化处理与运营管理300问/陈跃卫，周海燕主编；刘先凯，张健，缪春霞副主编. —北京：化学工业出版社，2022.3

ISBN 978-7-122-40649-1

Ⅰ. ①大… Ⅱ. ①陈…②周…③刘…④张…⑤缪… Ⅲ. ①固体废物-废物处理-问题解答②垃圾处理厂-运营管理-问题解答 Ⅳ. ①X705-44

中国版本图书馆CIP数据核字（2022）第016968号

责任编辑：徐 娟　　文字编辑：邹 宁

责任校对：宋 夏　　装帧设计：韩 飞

出版发行：化学工业出版社（北京市东城区青年湖南街13号 邮政编码100011）

印 装：北京七彩京通数码快印有限公司

710mm×1000mm 1/16 印张11 字数190千字 2022年6月北京第1版第1次印刷

购书咨询：010-64518888　　售后服务：010-64518899

网 址：http：//www.cip.com.cn

凡购买本书，如有缺损质量问题，本社销售中心负责调换。

定 价：78.00元

PREFACE 前言

上海老港废弃物处置有限公司（以下简称公司）隶属于上海城投环境（集团）有限公司，位于上海市中心东南约 60km 老港镇的东海之滨，南靠临港新城，北接浦东机场，注册资本 1.3 亿余元。2009 年，上海市政府批准了《老港固体废弃物综合利用基地规划》（沪府规［2009］117 号），基地总面积约 29.5km^2，其中基地范围为 15.3km^2，规划建设控制范围为 14.2km^2，是上海市生活垃圾的战略处置基地。

公司下辖 4 个分公司、1 个渗沥液厂、2 个项目部（生物能源再利用中心、再生建材利用中心），经营范围涵盖了上海市区 70％以上生活垃圾的短驳运输和应急处置、污泥等固体废弃物的填埋、污水处理、废弃物资源综合利用技术开发、除臭、除虫害、工程机械维修等各方面，是目前国内规模最大的无害化、资源化、生态型废弃物处置基地。

近年来随着上海市垃圾分类政策的持续推进，湿垃圾资源化利用作为末端处置的重要组成部分，完成了垃圾分类处置的关键闭环。本书依托上海市重大湿垃圾末端资源化处置设施——上海老港生物能源再利用中心一期项目，从生产、设备、安全、环保等多个角度出发，梳理并分享了生物能源再利用中心的成功工程实践经验及科技研发成果。

本书采用一问一答的形式编写，全书共 4 章，分别为概念与项目背景、技术工艺与生产运营、设备构成与维修保养、生产安全控制与管理，内容囊括了基础理论知识与运营实践经验，是理论与实践相结合的产物。

本书是由从事湿垃圾资源化处理运营管理及技术研发工作、一线经验丰富的人员共同编写而成的。限于科技的发展和写作水平，书中疏漏和不当之处在所难免，恳请读者斧正。

编者

2022 年 1 月

CONTENTS

目录

第1章 概念与项目背景

1-1 问：什么是餐饮垃圾、厨余垃圾、餐厨垃圾和湿垃圾？

答：餐饮垃圾指来自餐馆、饭店、食堂等餐饮业的剩饭剩菜以及制作加工过程产生的加工下脚料和食用废弃物。

厨余垃圾指家庭居民在日常活动中产生的易腐性垃圾，主要为剩饭剩菜、瓜果皮核、菜帮菜叶等。

餐厨垃圾也被称为湿垃圾，是餐饮垃圾和厨余垃圾的总称。

1-2 问：餐厨垃圾的主要特点和危害有哪些？

答：(1) 餐厨垃圾的主要特点

① 三高：高有机质、高含水率、高盐分。

② 富含氮、磷、钾等营养元素。

③ 易腐烂，pH 值小，呈酸性。

④ 有毒有害物质含量少。

(2) 餐厨垃圾的主要危害

① 滋生病菌，威胁生命健康。裸露堆放的餐厨垃圾因长时间存放发生腐败变质，会产生大量的细菌和病毒，同时其吸引并滋生的大量蚊蝇、鼠虫等，成为传播疾病的媒介，导致流行病的发生，从而威胁人类的身体健康。

② 破坏城市形象和环境整洁。餐厨垃圾含水率高、易腐烂，会产生多种

有刺激性气味的气体，在运输过程中，车辆、船只等密封性不足将导致异味的扩散和渗沥液滴漏，影响市容环境卫生。

③ 污染自然环境，影响污水处理厂正常运行。餐厨垃圾渗沥液具有高油脂、高有机物的特点，直接排放会引起地下水污染、水体富营养化等问题，不进行预处理即打入污水厂，会加重污水处理负担，影响系统的正常运行。

④ 造成资源的浪费。餐厨垃圾有机物及油脂含量较其他垃圾相对较高，可以进行资源化回收利用，但受限于其产生量大、分散、难以收集和处理的特点，导致它的利用率很低，浪费了大量资源。

1-3 问：我国餐厨垃圾的处理原则是什么？

答：① 统一管理原则：管理部门依法制订规章制度，对各部门进行监督协调与管理。

② 市场运作原则：垃圾产生单位对自己产出的垃圾负责，具体有以下方法：一是各餐饮单位自行使用生化处理机处理；二是多个餐饮单位联合处理；三是由外包企业进行收集、运输和处理。

③ 单独处理原则：基于餐厨垃圾的特性，应单独收集、运输、利用和处理，可加工制成饲料或有机肥料，实现资源高效利用。

④ 依法监督原则：政府依法对收集、运输、利用和处理餐厨垃圾的各个流程进行全程监督。

⑤“三化”原则：按照“减量化、无害化、资源化”的原则，健全完善资源循环利用回收体系，建立健全垃圾分类回收制度，提高资源利用率及产出率。

1-4 问：我国餐厨垃圾管理的相关政策和标准有哪些？

答：近年来，我国餐厨垃圾的产生总量与日俱增，加之不适当的处置工艺及方法，对环境产生了较大的影响。因此，以“三化”为基本抓手，在国内多个大中型城市展开了餐厨垃圾资源化利用处理试点。表 1-1 是我国餐厨垃圾资源化利用和无害化处理的法规制度。

表 1-1　餐厨垃圾资源化利用和无害化处理的法规制度

时间	文件名称	发布单位	主要内容
2010.7	《国务院办公厅关于加强地沟油整治和餐厨废弃物管理的意见》	国务院办公厅	开展试点，探索餐厨垃圾资源化利用和无害化处理工艺及管理模式，提高餐厨垃圾资源化利用和无害化处理水平

续表

时间	文件名称	发布单位	主要内容
2010.5	《关于组织开展城市餐厨废弃物资源化利用和无害化处理试点工作通知》	国家发展和改革委员会、财政部、住房和城乡建设部会同原环境保护部、原农业部	要求选择部分具备开展试点条件的城市或直辖市市辖区先行试点，集中处理餐厨垃圾，避免其直接作为饲料进入食物链，并对首批33个试点城市(区)给予了6.3亿元循环经济发展转型资金支持
2011.3	中华人民共和国国民经济和社会发展第十二个五年规划纲要	第十一届全国人民代表大会第四次会议	大力发展循环经济，按照减量化、再利用、资源化的原则，减量化优先，以提高资源产出效率为目标，推进生产、流通、消费各环节循环经济发展，加快构建覆盖全社会的资源循环利用体系。明确提出要健全资源循环利用回收体系，完善再生资源回收体系，建立健全垃圾分类回收制度，完善分类回收、密闭运输、集中处理体系，特别提出推进餐厨废弃物等垃圾资源化利用和无害化处理
2011.5	《循环经济发展专项资金支持餐厨废弃物资源化利用和无害化处理试点城市建设实施方案》	国家发展和改革委员会、财政部	利用循环经济发展专项资金支持餐厨废弃物资源化利用和无害化处理试点城市建设工作
2012.12	《餐厨垃圾处理技术规范》(CJJ 184—2012)	住房和城乡建设部	保证餐厨垃圾得到资源化、无害化和减量化处理，规范餐厨垃圾处理技术及工程的建设
2013.4	《上海餐厨废弃物处理管理办法》	上海市政府	上海餐厨废弃物处理实行“闭行管理模式”，即相对独立的收费、收运、处置系统
2015.10	《餐厨废弃物资源化利用和无害化处理试点中期评估及终期验收管理办法》	国家发展和改革委员会、住房和城乡建设部、财政部	加强餐厨废弃物资源化利用和无害化处理试点管理，发挥试点示范的探索和引领作用，提高中央财政资金使用效益
2016.12	《“十三五”全国城镇生活无害化处理设施建设规划》	国家发展和改革委员会、住房和城乡建设部	鼓励餐厨垃圾与其他有机可降解垃圾联合处理，到“十三五”末，力争新增餐厨垃圾处理能力3.44万吨/天，城市基本建立餐厨垃圾回收和再生利用体系
2017.4	《关于进一步加强“地沟油”治理作业的意见》	国务院	总结餐厨废弃物资源化运用试点经验，推进培育与城市规模相适应的废弃物无害化处理和资源化运用企业

续表

时间	文件名称	发布单位	主要内容
2017.9	《餐饮服务食品安全操作标准(修订稿)》	原国家食品药品监督管理总局	要求餐饮服务提供者建立餐厨废弃物处置办理制度，将餐局废弃物分类放置，日产日清
2019.4	《关于在全国地级及以上城市全面开展生活垃圾分类工作的通知》	住房和城乡建设部、国家发展和改革委员会等部门	加快湿垃圾处理设施建设和改造，统筹解决餐厨垃圾、农贸市场垃圾等易腐垃圾处理问题，严禁餐厨垃圾直接饲喂生猪

1-5 问：上海生物能源再利用中心一期项目的建设规模是多少？

答：上海生物能源再利用中心的建设旨在解决响应垃圾分类号召后产生的大量湿垃圾的处理及资源化利用问题，其一期项目设计处理规模为1000t/d（包含餐饮垃圾400t/d以及厨余垃圾600t/d），项目主要服务上海市中心城区，包括黄浦区、徐汇区、长宁区、杨浦区、虹口区、静安区等。

1-6 问：上海生物能源再利用中心一期餐厨垃圾包括哪些组分？

答：餐厨垃圾的组分受很多因素的影响，比如地区、气候、文化、宗教、习俗等，其中最主要的是自然因素。生物能源再利用中心餐饮和厨余垃圾的组分和理化性质具体见表1-2与表1-3。

表1-2　餐饮垃圾的组分和理化性质

组分		理化性质	
纸类/%	0.19	含水率/%	82.86
塑料/%	8.02	低位热值/(kJ/kg)	1822.26
竹木/%	0.56	密度/(kg/m³)	715.25
布类/%	0.15	悬浮固体/(g/L)	—
餐饮/%	88.17	总固体/(g/L)	—
果类/%	2.33	脂肪含量/%	16.22
金属/%	0.34	有机质/(g/kg)	842.5
玻璃/%	0.22	生物降解度/%	58.13
渣石/%	—	含盐量/%	2.35
煤灰/%	—	蛋白质含量/%	21.9
有害类/%	—	C/N	15.94
其他/%	—	含油率/%TS	23.5

表 1-3 厨余垃圾的组分和理化性质

组分		理化性质	
纸类/%	4.04	含水率/%	63.99
塑料/%	15.64	低位热值/(kJ/kg)	4529.61
竹木/%	2	密度/(kg/m^3)	326.17
布类/%	2.42	悬浮固体/(g/L)	—
餐饮/%	70.52	总固体/(g/L)	—
果类/%	3.47	脂肪含量/%	12.07
金属/%	0.3	有机质/(g/kg)	777.5
玻璃/%	1.61	生物降解度/%	56.22
渣石/%	—	含盐量/%	1.88
煤灰/%	—	蛋白质含量/%	18.98
有害类/%	—	C/N	11.41
其他/%	—	含油率/%TS	23.5

1-7 问：上海生物能源再利用中心的总体工艺流程是什么？

答：上海生物能源再利用中心餐饮垃圾和厨余垃圾资源化处理工艺流程如图 1-1 所示。

1-8 问：上海生物能源再利用中心包括哪些处理设施？各设施的主要功能是什么？

答：根据处理工艺的各个环节来梳理，涉及以下系统。

① 餐饮垃圾预处理系统：对收集到的餐饮垃圾进行预处理，在分离油脂、残渣后，达到厌氧发酵的进料要求。

② 厨余垃圾预处理系统：对收集到的厨余垃圾进行预处理，在分离残渣、金属等杂质后，达到厌氧发酵的进料要求。

③ 湿式厌氧及脱水系统：经预处理后的餐饮垃圾在均质罐混合后进入湿式厌氧发酵罐进行厌氧发酵，利用有机质有效产沼。沼渣采用离心机脱水至含水率不高于 80%，后进入沼渣干化系统。

④ 干式厌氧及脱水系统：经预处理后的厨余垃圾在有机质缓存料坑混料后进入干式厌氧罐进行厌氧发酵，利用有机质有效产沼。沼渣先后经螺杆挤压

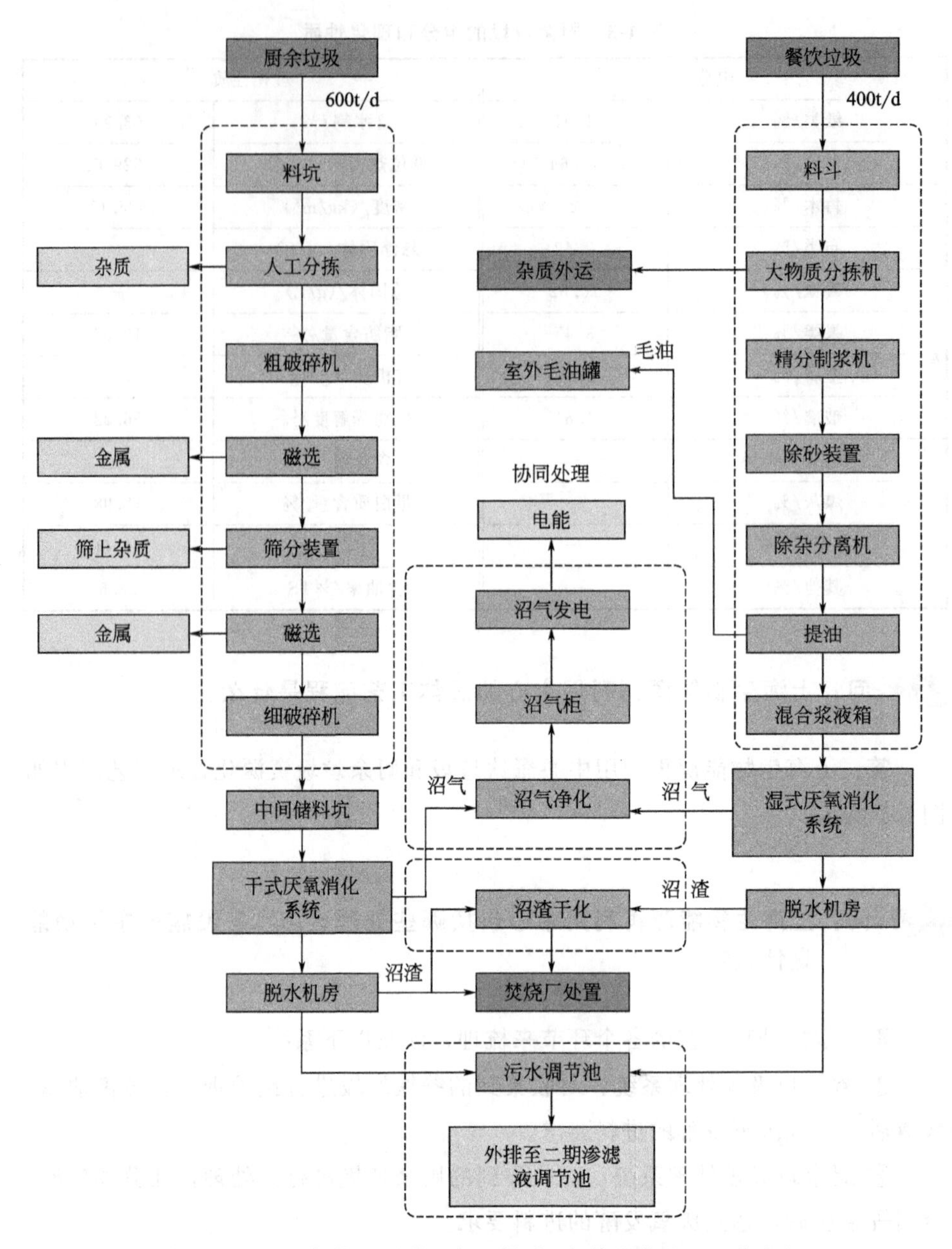

图 1-1 上海生物能源再利用中心餐厨垃圾资源化处理工艺流程

脱水和振动筛脱水后，沼渣进入离心脱水系统脱水至含水率不高于 80%，后进入沼渣干化系统。

⑤ 沼气净化及存储系统：沼气净化后达到锅炉使用要求后暂存在沼气柜内，供后续使用。

⑥ 沼气锅炉及换热系统：净化后的沼气用于燃油/燃气蒸汽锅炉，蒸汽锅炉产生的饱和蒸汽作为餐厨垃圾预处理、干式厌氧罐供热、沼渣干化等的热源。

⑦ 沼气发电系统：净化后的沼气部分进入蒸汽锅炉产生蒸汽回用于系统，其余沼气进行发电。

⑧ 沼渣干化系统：湿式厌氧和干式厌氧离心脱水后的沼渣进入沼渣干化系统，沼渣干化至含水率不高于40%后外运。

1-9 问：上海生物能源再利用中心的餐厨垃圾资源化途径是如何实现的？

答： 基于餐厨垃圾含油率、含水率及有机质含量高的特点，工艺上采取固液分离、油水分离、厌氧产沼的处理方式，最大限度地回收资源。各阶段物料产出主要为固渣、沼渣、杂物、沥液、毛油、沼气。其中沥液经气浮预处理后送至渗沥液厂处理，毛油提纯后外售，沼气部分送至锅炉房，生产饱和蒸汽，供工艺生产使用；剩余部分送至发电机房产生电能。

固渣及沼渣原先采用焚烧处理，经研究其依旧富含大量有机质，作为饲料进入食物链循环，可能给人类带来不安全因素，因此开展固渣养殖昆虫、沼渣制备土壤改良剂等资源化利用方式的探索，从安全角度出发，确保有毒有害物质在可控范围内，寻求最佳资源化途径。

1-10 问：上海生物能源再利用中心的创新点有哪些？

答： 本项目创新点在于主体工艺采用“预处理＋厌氧消化”工艺，针对上海市中心城区产生的大量餐厨垃圾废弃物处理问题，并基于该类废弃物具有可独立收集与处理的有利条件，开展包括预处理、湿式和干式厌氧发酵的餐厨垃圾废弃物处理与资源化利用成套技术研究，实现餐厨垃圾资源回收再利用。此外沼气利用属于碳减排项目，以沼气利用为纽带，促进废弃物在处理过程中的能源化利用和低碳化排放，是开发利用可再生能源的一个重要发展方向，也在促进地方经济、节能减排、推动低碳产业的发展中起到积极的作用。

1-11 问：上海生物能源再利用中心二期工程目前建设进展如何？

答： 上海生物能源再利用中心二期工程旨在应对上海市生活垃圾四分类政

策全面实施后湿垃圾产生量的日益增长，生物能源再利用中心一期的处理能力无法与之匹配的紧急情况。

生物能源二期项目设计处理规模1500t/d，其中餐厨垃圾900t/d，厨余垃圾600t/d。生物能源再利用中心二期工程基础建设已接近尾声，餐饮、厨余预处理系统分别于2021年10月30日及11月30日开始进料调试，截至2021年年底，处理量达到1500t/d。厌氧系统也在开展调试工作中，8个低浓度厌氧罐已经有4个罐满罐运行，3个罐正在逐渐进料。沼气预处理系统、四个双膜沼气柜及锅炉系统已正常运行。高浓度厌氧系统、发电机系统、脱水系统、沼渣干化系统正在进行调试前的准备工作。

第2章 技术工艺与生产运营

2.1 预处理系统

2.1.1 餐饮垃圾预处理系统

餐饮垃圾预处理系统简称餐饮线。

2-12 问：餐饮线主体工艺流程是怎样的？

答：餐饮线主体工艺流程见图 2-1。

餐饮垃圾由专用运输车辆运至厂内，经地磅称重并记录后，卸料至螺旋接收料斗中，游离水通过料斗底部沥水设施统一收集，通过管道进入沥水坑，固相物料通过无轴螺旋输送机送至大物质分拣机。大物质分拣机将粒径 60mm 以上的杂物筛除至外运处置，余下的物料输送至分选制浆机。分选制浆机将物料破碎分选，物料中粒径大小在 20mm 以上的杂物分离出系统，如瓶盖、筷子、小粒径杂物及塑料、纸张等轻质杂物，这部分分离物外运处置。20mm 以下的物料制成 8mm 以下浆料，之后泵送入除砂除轻漂物系统。

除砂除轻漂物系统将物料中的重物质如贝壳、玻璃、瓷片、砂石等及细碎纤维等去除，浆液进入中间储池后泵送入油水分离系统。

在油水分离系统中，浆液被加热后依次进入三相离心机和碟式离心机进行

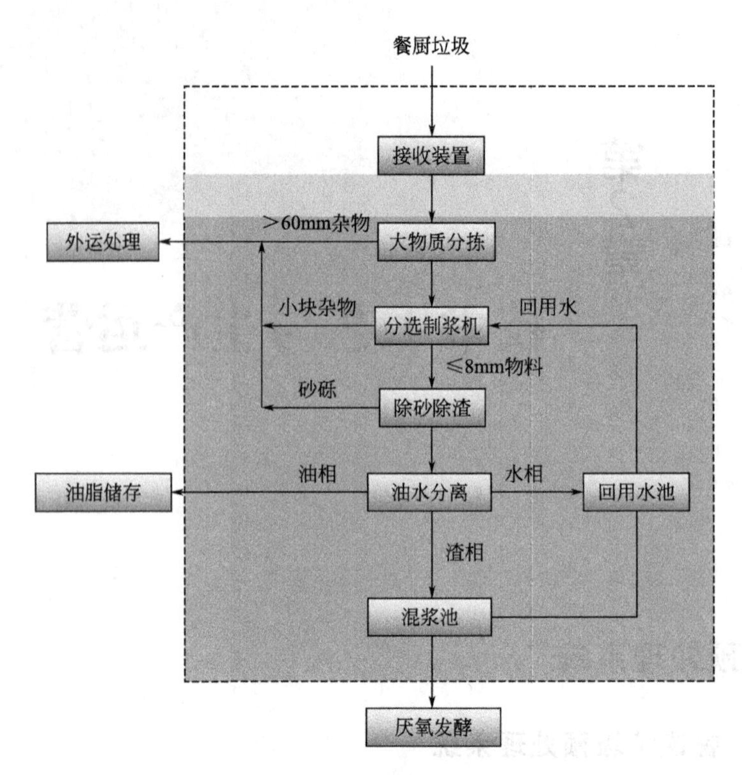

图 2-1 餐饮线主体工艺流程

油水分离，分离出的粗油脂暂存在室外毛油储罐，定期外运；离心机分离出的水相和渣相泵送入湿式厌氧发酵系统。

2-13 问：餐饮线包含哪些处理单元？各单元的功能是什么？

答：餐饮线包括接料粗分单元、分选制浆单元、除砂除轻漂物单元、油水分离单元。

接料粗分单元：共设 4 座接收料斗、4 个卸料泊位。料斗底部布置带沥水功能的螺旋给料机，产生的沥液存储至餐饮沥水池后泵送至大物质分拣机，沥水后的固相物质由无轴螺旋输送机输送至大物质分拣机进行粗分选，将粒径大于 60mm 的杂物分离出，得到以有机质为主的均质物料，进入下一级分选制浆单元。

分选制浆单元：经过粗分的有机物料经过精分选、一级除砂后进入制浆机，将其中大的固体有机物和易被破碎的重物质破碎成粒径 8mm 以下的颗粒，剩余轻物质和不易破碎的金属等杂质通过无轴螺旋直接送至出渣间。

除砂除杂单元：其主要作用是去除有机浆液中的重物质及细碎纤维等轻漂物，防止其对油水分离机、泵、管道等设备造成损害。

油水分离单元：浆液进入缓冲罐后加热至55～65℃送入三相离心机进行分离，分离出三种状态的物料——水相、渣相、轻相（油水混合物料）。轻相（油相混合物料）输送至第二级提油缓冲加热系统加热至80～90℃后，进行立式分离提油，粗油脂暂存至室外毛油储罐外运处置。分离后的高温热水回用至系统，三相离心机分离出的水相和渣相暂存在混浆池，后泵送至湿式厌氧发酵系统。

2-14 问：餐饮线各处理单元的主控项目有哪些？

答：餐饮线各处理单元的主控项目见表2-1。

表2-1 餐饮线各处理单元的主控项目

单元设施	主控项目
接料粗分单元	接料斗的沥水效果以及分拣机的分离效果
分选制浆单元	浆液的粒径
除砂除杂单元	碎砂砾和细碎纤维等细料杂质的去除
油水分离单元	油脂分离效率

2-15 问：餐饮线运行过程中各设备可能产生的问题有哪些？

答：餐饮线运行过程中各设备可能产生的问题见表2-2。

表2-2 餐饮线运行过程中各设备可能产生的问题

序号	设备名称	常见问题
1	大物质分拣机	摆臂堵转、摆臂断裂
2	制浆机	运行电流偏大、刀具磨损
3	二相除杂机	运行振动大、出渣含水率偏高
4	立式离心机	排渣不畅、运行电流大

2-16 问：餐饮线各重点设备的运行控制要点和调控方法有哪些？

答：餐饮线各重点设备的运行控制要点和调控方法见表2-3。

表 2-3 餐饮线各重点设备的运行控制要点和调控方法

序号	设备名称	运行控制要点	调控方法
1	精分机/制浆机	运行电流控制	调整进料速度； 调整回用水稀释比例
2	除杂机	出渣含水率控制	调节进料速度
3	卧式离心机	出渣含水率控制	调节进料速度
		出油品质及出油量控制	调节进料速度； 调节湿热水解罐温度及加热时间

2-17 问：餐饮线设置四条独立生产线的好处是什么？

答：餐饮垃圾由于来料组分受各种因素影响较大，在物料中可能夹杂有少许异物，其中部分异物可能在预处理过程中对设备造成损坏导致生产线停工。独立设置的生产线就能有效降低此类情况对整体产能的影响。

2-18 问：餐饮线设置双重除砂装置的目的是什么？

答：本项目在制浆机前后设置两道除砂工艺的目的是实现砂砾、碎屑等杂物的有效分离，缓和物料中砂砾对设备的磨损情况，保障制浆机和后端提油设备的稳定运行。对物料进行多级除砂，可以确保砂砾、碎屑等杂物的去除效果。

2-19 问：餐饮线采用无轴螺旋连接各设备的设计目的是什么？

答：无轴螺旋输送机的特点是：抗缠绕性强、环保性能好、扭矩大、能耗低、输送量大、输送距离长、能机动工作，较适合用于湿垃圾经分选破碎后的物料输送。

设计采用无轴螺旋输送机连接设备具有以下优势：

① 无轴螺旋输送机结构形式的设计保证所处理的物料流通，无堵塞；

② 驱动装置置于螺旋输送机一端，采用电机减速机和螺旋驱动轴直连形式，无需联轴器，拆卸、维修方便，驱动轴能承受弯矩和轴向挤压力同时作用的负荷；

③ U 形螺旋槽采用不锈钢板卷制而成，除进料口敞开外，其余部分沿螺旋槽加平盖封闭，降低噪声，减少了异味的排出。

2-20 问：餐饮线浆液提油采用了哪种工艺？

答：本项目油水分离采用“湿热水解+卧式离心机”分离工艺，通过湿热水解的高温高压作用改变浆液的理化性质，改善油水分离特性，再采用卧式离心机完成油脂分离工作。提出的毛油满足含杂率≤2%；固相含水率≤75%；水中含油率≤1%。

2-21 问：餐厨垃圾中油脂有几种存在形式？

答：餐厨垃圾中油脂主要以可浮油、分散油、乳化油、溶解油、固相内部油脂五种形式存在。其中，可浮油滴径较大，静置后能较快上浮，以连续相油膜的形式飘浮于水面；分散油以滴径大于1μm的微小油珠的形式悬浮分散在水相中；乳化油粒径大小为0.5～15μm；溶解油以分子状态分散于水中，与水形成均相体系，分离较难；固相内部油脂多以固态与垃圾固相结合，几乎不能直接分离。可浮油含量是餐厨垃圾脱油性能的决定因素。因此，油水混合的脱油性能通常以其中的可浮油含量来衡量。

2-22 问：湿热预处理对餐饮垃圾提油有何影响？

答：湿热预处理可从两个方面增加可浮油含量，改善餐饮垃圾的提油性能。一方面，湿热预处理可使水分和脂质以流体形态存在，增强水分和脂质的扩散性能，提高油脂的液化浸出率。另一方面，湿热预处理能破坏细胞的结构，使胞内油脂释放。但在温度过高的情况下，湿热预处理会使脂类物质水解再酯化，形成水包油型体系，使可浮油转变为乳化油，从而增加油脂的分离回收难度。

2-23 问：餐饮线主要提油设备的运行控制要点有哪些？

答：餐饮线提油设备的运行控制要点主要有进料流量、出料性质、离心机转速、向心泵直径。

一般情况下，离心机不允许带料启动。进料流量应在离心机启动后，逐步增加到生产所需的正常流量。流量稳定后，分别对轻液、重液和固相取样分析，以确定是否需进一步调节，调节方式主要分为离心机转速调节和向心泵直径调节，合适的工艺参数能有效降低固渣含水率及清液含固率。

2.1.2 厨余垃圾预处理系统

厨余垃圾预处理系统简称厨余线。

2-24 问：厨余线工艺流程是怎样的？

答：厨余线工艺流程见图 2-2，其工艺描述如下。

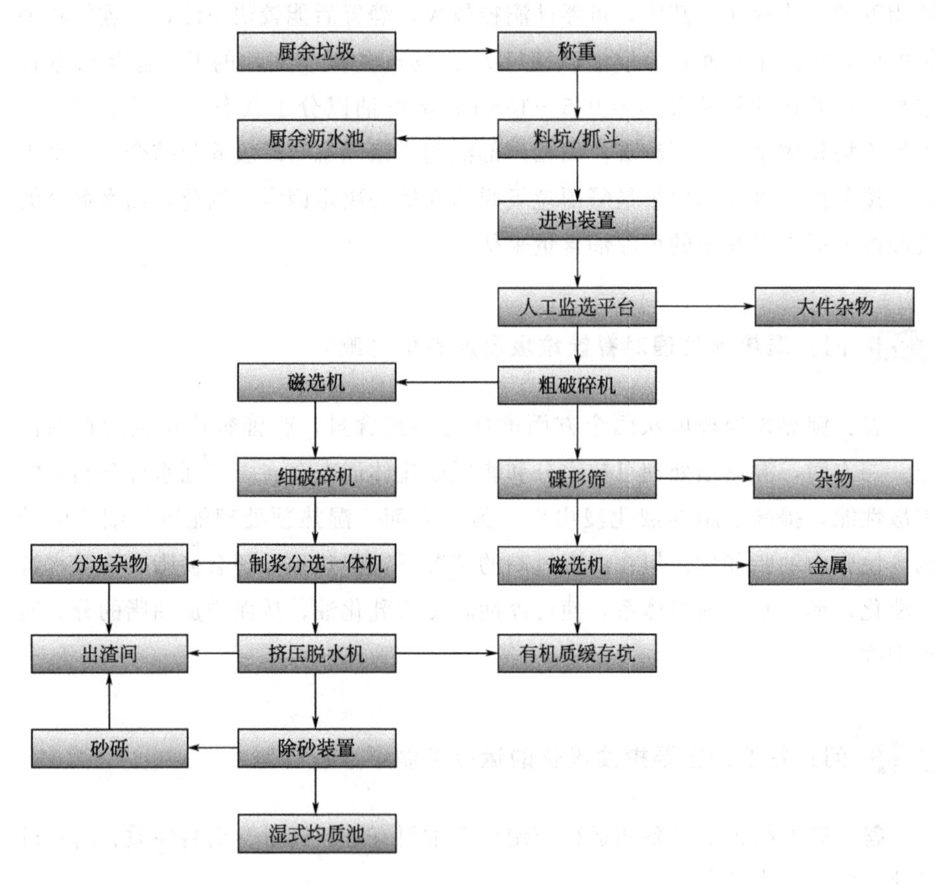

图 2-2 厨余线工艺流程

小区厨余垃圾/农贸垃圾经称重后进入卸料大厅，厨余垃圾卸料采用料坑，料坑总有效容积1200m^3。料坑内的厨余垃圾通过抓斗进入二层平台的步进式给料机（带均料器），由皮带输送至人工拣选小屋经去除大件杂物后送至粗撕碎机进行破碎，破碎后的物料经双向皮带输送机，分别输送至后续厨余筛分单元及农贸破碎分选单元。

小区厨余垃圾经粗破碎后的物料进入碟形筛，筛上物通过皮带输送至出渣间外运，筛下物经磁选后进入有机质缓存坑。

农贸厨余垃圾经粗破碎后的物料进入细破碎机，细破碎后的物料进入制浆分选一体机，再进入挤压脱水机，挤压后的固相通过双向皮带，可进入干式厌氧有机质输送皮带或作为杂质送至出渣间；挤压后的液相经除砂后，与餐饮浆液外送管合并。

2-25 问：厨余线包含哪些处理单元？

答：厨余线主要包含接收粗破单元、厨余筛分单元、农贸破碎分选单元和出渣单元，实现对厨余垃圾中杂物的筛分去除、有机物料的破碎、游离水分的挤压沥出。

2-26 问：厨余线各处理设施的作用是什么？

答：厨余线各处理设施的作用见表2-4。

表2-4　厨余线各处理设施的作用

单元设施	作用
人工分拣单元	筛除物料中夹杂的大件无机质杂质、瓶状器皿和缠绕物等，保护后端各设备的稳定运行
破碎单元	将物料破碎成易于筛分的小块，方便后续设备筛分出有机质成分，提高有机质利用率
筛分单元	筛除混杂在物料中的无机物杂质，如食品包装袋、塑料片等，提升厨余垃圾的有效利用率
挤压脱水单元	脱除水分，满足干式厌氧进料要求

2-27 问：厨余线运行过程中的常见问题有哪些？

答：厨余线运行过程中的常见问题见表2-5。

表 2-5 厨余线运行过程中的常见问题

序号	设备名称	常见问题
1	步进式给料机	液压活塞推力不足
2	皮带输送机	皮带跑偏；物料打滑
3	碟形筛	运行电流偏大；旋转轴变形出现异响

2-28 问：厨余线各设备的运行控制要点及调控方法有哪些？

厨余线各设备运行控制要点及调控方法见表 2-6。

表 2-6 厨余线各设备运行控制要点及调控方法

序号	设备名称	运行控制要点	调控方法
1	步进式给料机	单位时间出料量控制	调节液压缸的流量及压力
2	均料器	出料厚度控制	调节滚轴与物料间隙
3	粗破碎机	出料大小控制	调节刀轴距离
4	碟形筛	出料有机质含量控制	调节转轴转速
5	螺旋挤压机	出料含水率控制	调节挤压力度

2-29 问：厨余线设置人工分拣的目的是什么？

答：厨余线的垃圾主要产自居民区及农贸市场，其中包含较大量的食品包装袋、捆扎绳等缠绕物，容易缠绕在后端设备的旋转部件上，采用人工方式能够有效去除大部分缠绕物。此外，部分夹杂在其中的大件金属物品及塑料制品也能在这一步被有效清除，保护后端设备的稳定运行。

2-30 问：厨余线不同输送方式的优缺点是什么？

答：皮带输送机的优点是设备磨损较小，物料输送过程连续稳定；缺点是运输含水率较高的物料时可能出现打滑及沥水渗漏现象。

螺旋输送机的优点是设备密闭性更好，含水率较高的物料对于输送效率也不会产生太大的影响；缺点是螺旋与衬板之间的磨损较大，尤其是空载运行时。

2-31 问：厨余线产生的浆液全部送往餐厨线统一提油的工艺设计目的是什么？

答：本项目采用中温湿式厌氧及高温干式厌氧并行的产沼工艺，将厨余部分的沥水送往餐饮线提油，不仅能稀释湿式厌氧浆液、降低含固率；还能保证干式厌氧较高含固率的进料需求。此外，将厨余浆液中含有的少量油脂进行提油处理，充分做到了垃圾的资源化利用，进一步提升了毛油产量。

2.2 厌氧系统

2.2.1 湿式厌氧系统

2-32 问：采用中温湿式厌氧工艺的原因是什么？

答：餐饮垃圾采用湿式厌氧发酵产沼的资源化处理方式，本项目选用CSTR（连续搅拌反应器系统），其优点如下。

① 应用范围广：可对高浓度固体有机物及高SS（悬浮物）有机废水有良好的降解效果。

② 物料均匀分布，避免浮渣、结壳、堵塞、气体溢出不畅和短流现象，增加了底物浆料和微生物的接触机会。

③ 异味控制方便，罐内反应可设置臭气收集设施，以便于集中收集处理。

④ 占地面积小。

2-33 问：湿式厌氧消化的主要工艺参数有哪些？

答：湿式厌氧消化的主要工艺参数见表2-7。

表2-7 湿式厌氧消化的主要工艺参数

厌氧形式	湿式中温CSTR厌氧消化反应器
厌氧罐数量	5座
单罐有效容积	4900m^3
单罐处理能力	140t/d
搅拌形式	机械搅拌
设计温度	35～38℃
恒温控制	管式换热器，通过温度PID调节蒸汽自动阀门开启度
水力停留时间	35d
容积负荷	3～4kgVS/(m^3·d)
沼气产量	42000m^3/d(标况)

2-34 问：湿式厌氧系统有哪些附属单元，其作用分别是什么？

答：湿式厌氧系统设置均质罐、沼渣沼液罐、管式换热器水封罐、压力安全控制器等附属设施。

均质罐的功能主要是对有机质餐厨浆料进行除砂及对罐内物料进行搅拌，实现匀浆、防止沉淀功能，同时进行预水解酸化。沼渣、沼液罐主要用于临时存储厌氧罐出料，保证后端处理设备的稳定物料供给。管式换热器的主要功能是利用冷却水或是蒸汽完成热交换，调节罐内温度，保障菌种有一个适宜的繁殖环境。水封罐主要通过水封的方式防止主管沼气回流及各发酵罐沼气窜流。压力安全控制器的作用是在突发情况下自动对空排放多余气体，保障厌氧罐的安全。

2-35 问：湿式厌氧罐的运行控制要点及控制方式有哪些？

答：厌氧发酵系统主要控制以下运行参数：进料性质、温度、搅拌方式。

温度的调控主要通过换热器实现，由于预处理阶段提油的需要，浆液初始温度较高，一般需要降温处理。

进料控制主要指对于浆液的含固率及含油等指标的控制，避免对厌氧罐造成过大的负荷。

适度速率搅拌混合能增加微生物与底物的接触程度，使得反应器内温度场更加均匀，然而搅拌速率过高，则可能会影响微生物的活性，导致产气率下降。同时搅拌过于频繁不仅会导致反应器运行成本的增加，严重情况下，还会破坏厌氧反应系统的正常运行。

2-36 问：湿式厌氧罐运行过程中的常见异常及处理方式有哪些？

答：湿式厌氧罐运行过程中的常见异常及处理方式见表 2-8。

表 2-8 湿式厌氧罐常见异常及处理方式

序号	异常现象	处理方式
1	沼液化验指标超出控制范围	1. 检查搅拌是否均匀，明确是否为取样误差 2. 检查进料及罐内温度，可通过进料量、进水温度以及冷却或加热系统来控制

续表

序号	异常现象	处理方式
2	厌氧罐顶部液面出现浮渣及结壳	切换阀门让沼液从罐顶喷淋支管喷出，破除浮渣及结壳
3	出现酸化现象	1. 投加 NaOH 或 $NaHCO_3$，调节 pH 值 2. 增加反应器水力停留时间、降低进水浓度、处理出水回流、处理出水置换

2-37 问：引起湿式厌氧消化抑制的因素有哪些？

答：研究结果显示，厌氧消化抑制毒素主要包括挥发性脂肪酸（VFA）、氨氮、重金属离子、硫化物及硫酸盐，此外还有餐厨垃圾特有的辣椒素、长链脂肪酸（LCFA）和无机盐类（餐厨垃圾中主要是 NaCl）抑制。

2-38 问：长链脂肪酸、挥发性脂肪酸、重金属离子、硫化物和硫酸盐对餐厨垃圾湿式厌氧消化各有何影响？

答：长链脂肪酸（LCFA）的降解会因乙酸和氢气的积累而受到抑制，因此只有在厌氧系统中存在产甲烷菌并能有效利用乙酸和氢气，LCFA 才能被降解。如果产甲烷菌完全受到抑制，那么 LCFA 将不会降解或只部分降解，因此而积累下来的高浓度 LCFA 对微生物有抑制作用。LCFA 的厌氧抑制毒性甚至比挥发性脂肪酸（VFA）还要大。

VFA 的抑制在餐厨垃圾的厌氧消化过程中更加容易出现，游离 VFA 才有毒性，因此 pH 值对于 VFA 的毒性有很大影响，pH 值较低时，游离 VFA 含量增高，毒性加大。相反，pH 值中性或略高时，游离 VFA 含量降低，毒性减弱。

重金属离子对于厌氧消化过程有促进作用，同时也有抑制作用，Cu、Zn、Ni 以及 Cr 等重金属离子对厌氧消化过程都有不同程度的抑制毒性。受抑制后的厌氧系统内部出现有机酸浓度升高，生成高碳挥发性有机酸以及 COD 去除率下降等恶化现象。

硫化物和硫酸盐可以为微生物生长提供必要的硫源，但是过量硫酸盐存在于厌氧发酵液中时，会对厌氧消化过程有抑制毒性。硫酸盐的抑制毒性主要表现为硫酸盐还原菌和产甲烷菌的基质竞争性抑制作用、硫化物的毒性抑制作用，此外硫酸盐还原产物硫化氢处于游离状态时毒性较大，因此发酵液的 pH 值对于硫化物的毒性强弱有重要影响。

2-39 问：盐抑制、氨抑制、超负荷抑制对湿式厌氧消化稳定性各有何影响？

答：高浓度的盐分对于微生物的生长存在抑制作用，主要体现在盐分高的环境下微生物外部的渗透压较高，容易导致微生物细胞壁的分离，同时也会降低微生物中与代谢有关的酶的活性，进而抑制厌氧消化系统。

低浓度的氨氮可以作为系统内微生物的营养源，并且氨氮在平衡系统内 C/N 的过程中起着重要的作用，同时中和厌氧消化系统过程中的挥发性脂肪酸（VFA）。但是高浓度的氨氮对于许多微生物来说是一种抑制剂，氨氮可以溶解在细胞膜内通过干扰细胞内钾离子和质子的平衡关系来进一步阻碍微生物细胞功能的正常运行，最终导致反应器甲烷产率的降低。

有机负荷（Organic Loading Rate，OLR）是厌氧消化反应器内接收的有机物的总量。随着 OLR 的升高，厌氧消化系统的沼气产量也会上升，但是系统在高的 OLR 下，其反应器内部的平衡会被打破，造成系统的产气量严重下降。在厌氧消化反应器发酵的初期阶段，向反应器内加入一定量的新物质都会改变系统的内部环境，从而对微生物的活性造成抑制。如果 OLR 过高，则会造成系统内的水解和酸化速度超过产甲烷速度，从而导致系统内 VFA 不能被及时消耗而不断积累，造成系统酸化，而产甲烷细菌对于高浓度的 VFA 和低的 pH 值比水解细菌和产酸细菌更加敏感，使得产甲烷菌不能将 VFA 转化成甲烷，最终导致厌氧消化系统产甲烷能力的下降。

2-40 问：湿式厌氧反应器如何使罐内菌种达到平衡？

答：主要通过对湿式厌氧反应器内的水质进行检测，维持沼液各项指标化验值的稳定性，给厌氧菌种稳定适宜的繁殖环境。

2-41 问：若湿式厌氧反应器产气压力过大形成对空排气，会有什么影响？

答：当沼气管路压力较大时，会冲破压力安全控制器的水封，对空排气泄压。在这个过程中，大量未经处理的沼气会被释放出来，影响厂区环境。

2-42 问：湿式厌氧罐取样口对应哪几个液位高度？

答：厌氧罐高度24m，各罐分别设置有1.2m高度、6m高度、12m高度、18m高度四处取样口，方便对罐内不同高度沼液取样检测。

2-43 问：湿式厌氧罐进出料方式是什么？

答：进料利用螺杆泵将浆液从厌氧罐底部分散布置的进料口完成投料，待罐内液位上涨后，多余的沼液从平衡器溢流至沼液罐暂存。

2-44 问：湿式厌氧罐立式搅拌与侧入式搅拌的优缺点是什么？

答：立式搅拌是指搅拌轴从罐体顶端置入的搅拌方式，工艺成熟，但是其搅拌效率并不够高。

侧入式搅拌是指搅拌轴从罐体侧面置入的搅拌方式。在消耗同等功率的条件下，侧入式搅拌效果最佳。

2-45 问：湿式厌氧罐为什么要执行回泥操作？

答：当厌氧罐出现菌种抑制现象时，通过补充厌氧污泥的方式可以有效补充菌种数量，是较为有效对抗厌氧罐酸化的一种方式。

2.2.2 干式厌氧系统

2-46 问：采用高温干式厌氧工艺的原因是什么？

答：(1) 容积产气率提升

干发酵总固体含量（TS）通常在15%以上，含水量较少，使得有机质浓度较高，从而提高了容积产气率。

(2) 节约用水

干式厌氧发酵过程中无需新鲜水进行调配，因此更加节约，同时产生的沼液量相比于湿式厌氧发酵明显较少，便于处理。

（3）运行费用低

干发酵工艺不存在浮渣、沉淀等问题，减少后端处理费用。

2-47 问：干式厌氧消化的主要工艺参数有哪些？

答：干式厌氧消化的主要工艺参数见表 2-9。

表 2-9 干式厌氧消化的主要工艺参数

厌氧形式	干式高温厌氧消化反应器
厌氧罐数量	2 座
单罐有效容积	2250m^3
单罐处理能力	100t/d
搅拌形式	机械搅拌
设计温度	55℃
恒温控制	外盘管加热，通过温度 PID 调节热水自动阀门开启度
水力停留时间	18～21d
容积负荷	3～4kgVS/(m^3·d)
沼气产量	16000m^3/d(标况)

2-48 问：干式厌氧系统有哪些附属单元，其作用分别是什么？

答：干式厌氧系统由进出料及回流单元、搅拌单元及换热单元构成。

进出料及回流单元采用液压柱塞泵来推动高含固率、流动性差的物料。搅拌单元采用贯穿整个卧式罐体的机械转轴以及错落分布的数十根搅拌腿保证搅拌效果。换热单元利用罐壁上分布的大量蛇形换热盘管及相关控制系统满足罐体前区、中区、后区不同的温度控制需求，保障发酵效率。

2-49 问：干式厌氧消化与湿式厌氧消化有何异同？

答：干式厌氧消化与湿式厌氧消化同属于对有机质进行厌氧发酵产甲烷的工艺。根据进料含固率的区别，分为干式厌氧和湿式厌氧。湿式厌氧消化的含固率一般在 20%以下，自由水较多，而干式厌氧消化的含固率大于 20%，流动水较少。

2-50 问：干式厌氧罐的运行控制要点及控制方式有哪些？

答：（1）进料及回流比例控制

通过分析每日的沼液化验结果确认罐体反应状态，及时调节进料量及回流比例。

（2）温度控制

干式厌氧进料温度较低，一般为室温，而发酵温度则需要50℃左右，因此罐体前区需要将物料加热到合适的温度，中区及后区则需要维持温度的稳定。

（3）搅拌控制

由于所采用的是卧式罐体且物料含固率较高，流动性差，搅拌是否到位将直接影响物料的发酵效率，应根据化验指标调控搅拌间隔频率及时长。

2-51 问：干式厌氧罐运行过程常见问题及处理方式有哪些？

答：干式厌氧罐的常见异常及应对措施见表2-10。

表2-10 干式厌氧罐的常见异常及应对措施

序号	异常现象	原因分析	应对方法
1	化验指标出现酸化现象	物料氨氮含量高，抑制菌种的活性	用大量工艺水置换沼液，降低罐内的氨氮比例
		物料回流比例异常	增加回流比例，加强新进物料的菌种混合比例
2	温度出现波动	进料温度低，速度快	减缓进料速度并调大板式换热器供热量
3	产气量波动异常	生物菌的活性及繁殖数量出现异常	经化验查实异常原因后采取相应措施

2.3 沼渣脱水与干化系统

2.3.1 湿式沼渣脱水单元

2-52 问：湿式厌氧沼渣脱水采用的脱水方案是什么？

答：本项目采用高效型卧式螺旋卸料沉降离心机，其转鼓的长径比达4.5∶1以上，加大沉降分离的液池深度，使得进入转鼓的物料在螺旋筒体内被预加速，提高了离心机分离效率，降低单位处理量的能耗。该离心机主要适用于含固量较低、固相物较柔软、自然沉降比较困难的物料。

2-53 问：湿式厌氧沼渣的脱水工艺流程是什么？

答： 基于湿式厌氧沼渣含杂量较低，颗粒较细，无需进行脱水前的预处理工作，因此湿式厌氧沼渣直接送至离心脱水机脱水处理。

2-54 问：湿式厌氧沼渣脱水的运行控制指标有哪些？

答： 出渣方面主要控制沼渣含水率在80%左右，以便于满足后端沼渣干化设备的进料需求，保障生产运行的稳定性。

出水方面需要控制出水SS（悬浮物）不超过10000mg/L，以满足后端气浮设备的进水要求。

2-55 问：湿式厌氧沼渣脱水设备的运行控制要点及相应控制方式是什么？

答： 离心机脱水对于脱水效果的运行控制主要是通过微调设备运行参数来实现的。

① 减小进料流速可以提升出泥含固率，提升出水水质，但是整体处理速度较慢。

② 提升转鼓转速也能提升分离效果，但是设备振动及噪声也会随之增大，影响离心机轴承寿命。

③ 提升螺旋与转鼓的差转速，可以提升沼液处理速度，但是物料分离效果较差。

2-56 问：湿式厌氧沼渣脱水单元在运行过程中可能存在哪些问题？

答： 湿式厌氧沼渣脱水单元常见异常及处理措施见表2-11。

表2-11 湿式厌氧沼渣脱水单元常见异常及处理措施

序号	故障现象	故障可能原因	处理方法
1	电机不能启动	电网无电	检查电源供电情况
		电源一相与二相无电	检查变频器是否正常工作；是否有报警现象

续表

序号	故障现象	故障可能原因	处理方法
2	主轴承过热温升过高	轴承加油量不合适(油量过大或过少)	调整加油量
		轴承配合过紧	修刮轴承座配合
		轴承损坏	更换轴承
3	空车时震动很大	转鼓与螺旋内堵料	清除沉积物
		差速器连接法兰松动	测量差速器同心度,更换零件
		维修装配时转鼓刻线未对准,破坏动平衡精度	重新对准刻线
		离心机基座减震机构损坏	更换轴承
		进出管道与本机刚性连接	改用软性连接
		螺旋严重损坏	送回制造厂修复螺旋
4	空车电流过大	电压偏低	电压不低于360V
		皮带太紧	适当调松
		差速器或主轴承损坏	检查更换
		回转件与机壳碰擦	停机排除
5	加料时运转震动加剧	进料不均或有冲击	均匀进料减少脉冲
		螺旋严重磨损	停机检查
		副电机不工作,使转鼓与螺旋同步而造成堵料	检查副电机;清除沉积物,调整转鼓与螺旋转速
		出液管道太细、背压太大,造成罩壳内积液,与转鼓发生搅拌摩擦	加粗管道或加管道泵减小背压
6	出渣含水率高	出渣呈流体状	1. 减少差转速 2. 减少进料量并降低差转速 3. 提高转鼓转速
7	澄清液分离不清	进料量或含固量发生变化	1. 减少进料量 2. 提高差转速 3. 提高转鼓速度
		黏度太大	1. 提高进料温度 2. 稀释进料
		絮凝剂的作用不够	更换絮凝剂
8	出渣中断	由于固体的沉积使螺旋阻塞	停止进料,加水冲洗,直至出渣
		固体含量太高	增加液池深度,提高差转速
		螺旋磨损	维修或更换螺旋

续表

序号	故障现象	故障可能原因	处理方法
9	轻相部分混在重相中，且含量较高	相位直径差太大	调节向心泵，缩小直径
10	重相部分混在轻相中，且含量较高	相位直径差太小	调节向心泵，增大直径
11	固体排渣正常，轻相中含有大量重相	转鼓盖上的重相输出口堵塞	停止进料并冲洗离心机，没有改善则停机清理

2.3.2 干式沼渣脱水单元

2-57 问：干式厌氧沼渣脱水采用的脱水方案是什么？

答：干式厌氧沼渣脱水采用的是螺旋挤压脱水和振动脱水的预处理工艺，后接离心脱水装置。

螺旋挤压脱水机通过螺旋挤压的方式榨出沼渣中富含的水分，挤压力度可调，运行时调整至出渣含水率约为60%。

振动脱水机通过电机带动偏心块高速旋转产生激振力，再带动筛盘的振动，借此去除沥水中的残余纤维质。

2-58 问：干式厌氧沼渣与湿式厌氧沼渣的区别是什么？

答：（1）产生形式不同

干式厌氧沼渣是厨余垃圾破碎后经干式厌氧系统发酵形成的沼渣，湿式厌氧沼渣是餐饮垃圾破碎制浆后经湿式厌氧罐厌氧发酵产生的沼渣。

（2）理化性质不同

经过取样化验测试，得出干式厌氧沼渣有机质含量较高，接近湿式厌氧沼渣有机质含量的两倍。

2-59 问：干式厌氧沼渣的脱水工艺流程是什么？

答：干式厌氧沼渣经过螺旋挤压脱水机，出水经管路送入振动脱水机进一步去除固态杂质。这一过程中分离出的沼渣通过车辆外运焚烧处理，得到的清液在干式滤液池暂存，之后再泵送入脱水离心机处理。

干式厌氧沼渣脱水工艺流程见图 2-3。

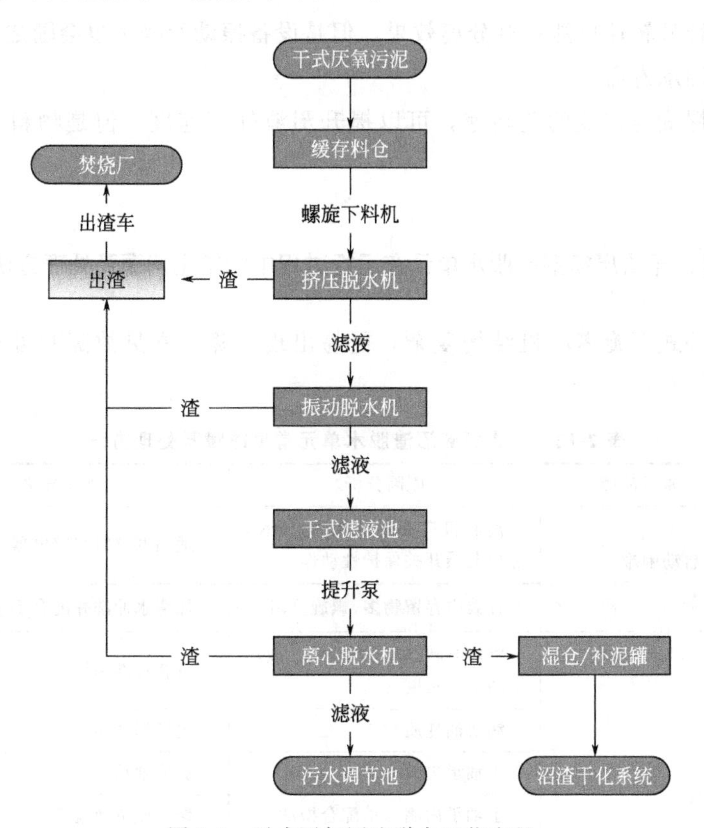

图 2-3 干式厌氧沼渣脱水工艺流程

2-60 问：干式厌氧沼渣脱水的运行控制指标有哪些？

答：干式厌氧沼渣含水率较低，因此脱水过程中主要考虑进出料含水率的控制。进料含水率为 75%～85%，出渣含水率控制在 60%。

2-61 问：干式厌氧沼渣脱水设备的运行控制要点及相应控制方式是什么？

答：出渣含水率的控制系统由螺旋挤压脱水机和离心脱水机两部分组成。在控制方式上，螺旋挤压脱水机主要依靠调节压板压力，脱水离心机主要通过微调设备运行参数，如进料流速、设备转速等。

减小进料流速可以提升出泥含固率，提升出水水质，但是整体处理速度较慢。

提升转鼓转速也能提升分离效果，但是设备振动及噪声也会随之增大，影响离心机轴承寿命。

提升螺旋与转鼓的差转速，可以提升沼液处理速度，但是物料分离效果较差。

2-62 问：干式厌氧沼渣脱水单元在运行过程中的常见问题及处理方法有哪些？

答：卧式螺旋离心机结构复杂，更易出现故障，常见故障及处理方法见表2-12。

表2-12　干式厌氧沼渣脱水单元常见故障及处理方法

序号	常见故障	原因分析	排除方法
1	启动困难	离心机启动电流大、时间长，造成电器开关保护性动作	适当调整时间继电器参数
		转鼓内存留物多，螺旋受阻	加清水冲洗并配合手动盘出
2	空运转震动剧烈	维修时转鼓刻线未对准，破坏了动平衡精度	重新对准刻线
		润滑油变质	更换润滑油
		主轴承失效	更换轴承
		主轴承内圈与轴配合松动	修复或更换端盖
		螺旋输送器轴承失效	更换轴承
		出液口、出渣口螺栓未拧紧或管道刚性连接	拧紧螺栓，管道改弹性软连接
		机头法兰松动引起差速器振动	更换机头法兰或小端盖
		差速器缺油性损坏	更换差速器配件
		停车后进料阀门没关紧，导致转鼓内积料	进水洗涤，积料严重时，停机后用手逆时针方向盘动差速的副皮带轮，排出物料
		旋转部件的连接处有松动变形	检查修复
		新更换的部件动平衡不佳	调整或更换
		有关部件磨损严重	修理
		机壳中堆积的物料摩擦外转鼓	清理或定期冲洗

续表

序号	常见故障	原因分析	排除方法
3	空车电流高	三角皮带及皮带轮，尤其是主皮带轮有油而打滑，引起摩擦能量消耗（差速器主副皮带轮发烫）	清理油污
		差速器故障（一般因缺油引起）而引发电流升高（差速器外壳、副皮带轮及输入轴发烫）	更换配件及润滑油，检查外壳密封情况
4	空载运行轴承座温度超过70℃或温升超过35℃	油脂变质，失去润滑作用（可能原因：轴承座有异物进入；油脂质量太差；油脂已变质）	更换润滑油
		轴承损坏或间隙太小	更换D级以上轴承
		皮带太近导致主轴承摩擦功耗增加而发热	适当调松皮带
5	差速器温度过高（超过85℃）	差速器缺油	检查差速器并加入油脂
		负荷太大	调整运行负荷
		散热不好	改善工作环境温度
		差速器内部轴承或零件损坏	检修差速器
		新差速器磨合期	磨合期轻载运行
6	转鼓与螺旋频繁同步	进料过多、负荷太大	调整进料量
		螺旋与转鼓之间有碰卡现象	检查转鼓、螺旋
		差速器损坏	更换差速器
		母液中的粗大颗粒（如自聚物）进入离心机	检查过滤装置
7	运行中停车	主电机过载	查明原因、重新调整
8	不排料	悬浮液浓度太低或进料量太少	加大进料量
		固相与液相密度差太小	改进工艺
		机器旋转方向相反	查明原因、改正
		差速器损坏	更换新的差速器
		转鼓排料口堵塞或内部积料	停机检查
		外壳与转鼓间有料堆积	开罩检查
9	排料中含水量高	进料量过多	减少进料量
		液层深度太深	调整液层深度
		分离因素不够	提高离心机转速

续表

序号	常见故障	原因分析	排除方法
10	清夜中含固量高	分离因素低	提高转鼓转速
		进料量太大	减少进料量
		液层深度太浅	调整液层深度
		物料难以分离	改进工艺
11	有异常噪音	轴承损坏	检查更换
		有碰撞机壳或管线现象	检查排除

2.3.3 气浮单元

2-63 问：采用何种类型的气浮设备，特点是什么？

答：采用浅层离子气浮法分离沼液滤液中密度接近于水的微细悬浮物。其原理是利用溶气系统产生的溶气水，经过快速减压释放在水中产生大量微细气泡，黏附在水中絮凝好的杂质颗粒表面上，形成整体密度小于1g/mL的悬浮物，通过浮力使其上升至水面而使固液分离。

该方法具有以下优点：节约用电成本，耗能少；吸附力强、絮体分离效果好、处理效果优；加药量少。

2-64 问：气浮及其配套设备的运行控制要点有哪些？

答：气浮分离效果及出水水质主要受药剂添加及刮泥程度的影响。

本工艺为连续加药和连续进水，断药或药剂量不够会影响其分离效果，需要及时补充药剂并定期巡检加药流速。药剂配置浓度分别为聚合氯化铝（PAC）10%，聚丙烯酰胺（PAM）0.15%。

刮泥量会影响出泥的稠度和出水水质，刮泥太多会导致悬浮层变薄，出泥变稀；而刮泥太少，会导致出泥不及时，部分污泥会随着出水流出。因此需控制好出水和出泥比例，气浮分离机才能连续稳定运行。刮泥量的多少可根据刮泥的时间和液位高度进行调节。

2-65 **问：气浮出水水质异常的可能原因及解决措施有哪些？**

答：气浮单元出水异常现象及解决措施见表2-13。

表2-13 气浮单元出水异常现象及解决措施

序号	现象	原因	解决措施
1	出水TSS(总悬浮物)高	回流水过滤器堵塞，压力降低	清洗回流水过滤器，恢复回流水压
		消能系统堵塞，回流压力升高	调整消能释放器，恢复回流压力
		压缩空气压力过低，流量太小	增加压缩空气压力和流量
		PAM量不够，絮花碎小	增加PAM用量
		旋转桶密封橡胶磨损	更换调整密封胶板
2	出水浊度高	PAC用量不够	增加PAC用量

2-66 **问：影响气浮处理效果的因素有哪些？**

答：首先需要根据原理改进气浮池的结构及布水结构，并对溶气效率进行改进；最重要的是要使气泡足够小，因为气泡越小，黏附力越强，就越能改变水分子的表面张力，便于更有效地捕捉水中的悬浮物甚至胶体物质；此外，各项硬件设施兼容也是不容忽视的。

2.3.4 沼渣干化单元

2-67 **问：沼渣干化单元的工艺流程是什么？**

答：沼渣干化单元处理对象为离心脱水后的沼渣，采用间接干化工艺将沼渣含水率从80%降至40%，干化热源为锅炉系统产生的1.0MPa、184℃的饱和蒸汽。

干式厌氧及湿式厌氧离心脱水后沼渣由螺旋输送机送至湿仓，由柱塞泵输送至沼渣干化车间的造粒干燥机内，利用饱和蒸汽作为加热介质间接加热沼渣，将含水率降至40%以下。沼渣干化过程产生的载气通过引风机排出，维持干燥机及辅助设备、系统管路微负压运行，尾气经预除尘器降低粉尘量后，进入间接式水冷换热器进行冷凝，冷凝下的废水排入室外污水井。不凝气体（主要是一些恶臭气体）由尾气引风机抽引至全厂统一设置的除臭设备降解后达标排放。蒸汽凝结水由疏水阀排至凝结水箱，通过凝结水泵送至锅炉系统的除氧器或软水箱。干燥机出泥经冷却后，由螺旋输送机、刮板输送机送至干沼渣料仓暂存，定期由车辆外运处置。

沼渣干化单元工艺流程见图 2-4。

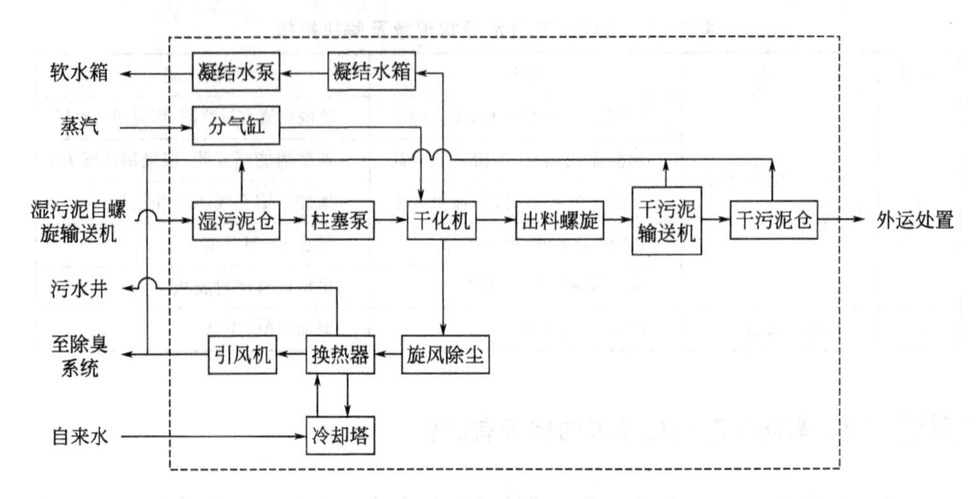

图 2-4 沼渣干化单元工艺流程

2-68 问：沼渣干化单元包含哪些设施？具有什么功能？

答：沼渣干化单元包含湿仓及配套进料设施、造粒及干燥设施、干仓及卸料设施以及尾气预处理设施。

(1) 湿仓及配套进料设施

湿仓临时缓存离心后的沼渣，方便平衡前后端设备处理速度的差异。进料设备包括两套湿污泥柱塞泵及配套的液压站，通过液压推动的方式将沼渣提升至顶部缓存仓中，以此来保证物料供给的稳定性。

(2) 造粒及干燥设施

将沼渣经造粒机和盘式干燥机处理，转变成含水率 40%左右的小颗粒。

(3) 干仓及卸料设施

干仓主要用于存储前端设备产出的颗粒状污泥。卸料设施配套相应的布袋除尘器以及封闭式的卸料车间，抑制扬尘。

(4) 尾气预处理设施

对沼渣干化处理过程中蒸发出的水汽以及少许粉尘经旋风除尘器、携湿冷却器、水平矢量分离器、引风机、碱洗塔后纳入厂区除臭系统一并处理。

2-69 问：沼渣干化单元的进出料品质要求是什么?

答：设计进料沼渣含水率不高于80%，同时应尽量避免自由水的出现。经干化处理后，沼渣含水率下降至40%左右，呈现粒径约5mm的颗粒状。

2-70 问：沼渣干化单元的运行控制要点及相应控制方式是什么?

答：沼渣干化运行过程中的控制要点是造粒效果以及出料含水率。

造粒效果控制是通过调整造粒机辊轴温度、辊轴转速来实现的。当造粒效果不佳、颗粒出现黏连情况时，可以适当增大蒸汽供热阀门开度，提高辊轴温度以提升定型效果，还可以适当降低辊轴运行速度，延长沼渣受热时长。

出料含水率是通过调节干燥盘温度以及物料在干燥机内的停留时间来实现调控的，需要根据实际需求调整至合适的状态。含水率过低容易导致颗粒在运输过程中逐步破碎；过高可能在干仓内结块，堵塞下料口。

2-71 问：沼渣干化系统在运行过程常见问题及处理措施有哪些?

答：沼渣干化系统常见异常及处理措施见表2-14。

表2-14 沼渣干化系统常见异常及处理措施

序号	故障设备	现象及原因	处理方法
1	造粒机	断链	更换链条，若再次断链应停机检查
		减速机故障	联系减速机厂家进行维修，更换减速机
2	干燥机	干燥机泥结块	清理结块污泥
		机械干涉	检查爬杆等是否有机械干涉，如有应取下部件恢复后装上

2-72 问：什么原因会导致造粒干化机出现堵料?

答：进料污泥湿度过高导致造粒机来不及处置而滑料，缺少定型及破碎的大块湿污泥在干燥盘上逐步堆积结块堵塞干化机。

2-73 **问：造粒干化机若出现大面积的未造粒完成的湿料，该如何处理？**

答：先停止后续进料，关闭干化机出料口，继续运行等造粒机内不再有残余物料后停机，等待设备降温完成后人工清理干化机内堆积的污泥（注意：造粒机不能带料停机，湿料不能送入干仓，彻底冷却前不允许清理干化机）。

2.4 沼气净化与储存系统

2-74 **问：什么是沼气？为什么要对沼气进行净化处理？**

答：沼气是由多种气体组成的混合气体，无味、易燃、易爆、略有毒性，主要成分为 CH_4 和 CO_2，CH_4 占 60%～70%，CO_2 占 30%～40%。另含有少量的 H_2S、N_2、O_2、H_2 等气体，约占总含量的 5%。

沼气的净化是指对沼气中 CH_4 之外其他气体的去除，以脱硫和脱水为主。脱硫脱水是为了避免含有 H_2S 的沼气燃烧放出的 SO_2 或 SO_3，遇水溶解形成硫酸腐蚀设备及管道。此外当沼气被加压储存时，为了防止凝结水冻坏储气罐，也必须对水进行去除。

2-75 **问：生物能源再利用中心沼气净化工艺流程是什么？**

答：采用“沼气生物脱硫＋沼气冷干脱水＋干法脱硫＋双膜干式储气柜＋过滤增压＋应急火炬系统”的脱硫方式，工艺流程如图 2-5 所示。

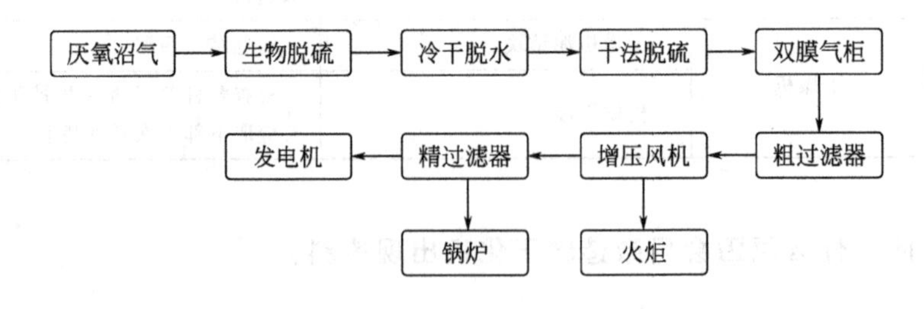

图 2-5 沼气净化工艺流程

原始沼气首先进入生物脱硫系统进行粗脱硫，再经沼气过滤器进行粗过滤后进入冷干机进行冷干脱水处理，然后输送至干法脱硫系统进行精脱硫。预处理后的沼气进入双膜干式储气柜进行存储。储气柜中的沼气经粗过滤器后，由沼气增压风机加压、精密过滤器过滤后，输送至沼气锅炉和发电机利用。当沼气锅炉或发电机无法正常工作或者用气不足时，将储气柜中的沼气输送至应急火炬系统进行燃烧处理。

2-76 问：生物能源再利用中心沼气净化单元包含哪些设施设备？其作用是什么？

答：(1) 生物脱硫系统

生物脱硫系统由生物脱硫塔、滤液罐、循环泵、罗茨风机等组成。

生物脱硫是依靠硫杆菌和丝硫菌属在新陈代谢过程中吸收 H_2S 并将其转化为硫单质或硫酸，从而达到沼气脱硫净化的目的。

(2) 冷干脱水系统

冷干脱水系统主要由两套冷干机组成。

冷干脱水采用冷冻法以降低沼气中的水含量，当沼气温度降低时，沼气中的饱和水蒸气就会冷凝成水，通过自排水的方式从沼气管道中排放出来，从而达到沼气脱水的目的。

(3) 干法脱硫系统

干法脱硫系统主要由 4 座干式脱硫塔组成。

干法脱硫是指通过脱硫剂完成对沼气中 H_2S 的去除。

(4) 沼气储存系统

沼气储存系统主要由 2 座双膜干式储气柜组成，主要完成对净化后沼气的储存。

(5) 过滤增压系统

过滤增压系统主要由粗过滤器、罗茨鼓风机、精密过滤器组成。

风机前后各设置一过滤器。粗过滤器用于过滤沼气中的灰尘等固体颗粒，以保护增压风机的正常运行；精密过滤器用以去除更小颗粒度的杂质，从而满足后端进气要求。

(6) 应急火炬系统

应急火炬系统主要由地面火炬、燃烧器、辐射隔离罩、点火系统、系统控制系统组成。

当沼气不能正常利用时，应急火炬将开启点火燃料气开关阀、沼气排放开关阀，送地面火炬燃烧排放。

2-77 问：生物能源再利用中心的沼气净化单元涉及哪些主辅用料，会产生哪些固体废弃物和危险废物？废弃物如何处置？

答：干法脱硫主要采用 Fe_2O_3 作为填料，沼气脱硫后会产生废脱硫剂和废弃硫单质。一般固废采用焚烧处理。

2-78 问：生物能源再利用中心沼气净化前后的品质是什么？净化后要达到怎样的要求？参照何种标准？

答：净化前沼气的具体参数如表 2-15 所示。

表 2-15 净化前沼气参数

序号	参数	单位	数值
1	沼气压力	kPa	>3
2	温度	℃	30～38
3	CH_4	%	55～65
4	CO_2	%	35～45
5	H_2S	mg/m³	4554

净化后沼气的具体参数如表 2-16 所示。

表 2-16 净化后沼气参数

序号	参数	单位	数值
1	增压后压力	kPa	约 20
2	CH_4 含量	%	55～65
3	CO_2 含量	%	35～45
4	H_2S 含量	mg/m³	<30
5	相对湿度	%	<80
6	杂质颗粒	μm	<3
7	灰尘含量	mg/m³	<10

2-79 问：净化后沼气 H_2S 含量高的处理方法是什么？

答：① 生物脱硫后 H_2S 含量高的处理方法：控制沼气流量小于 3000m^3/h，进口 H_2S 小于 6071mg/m^3，同时加大换水量，稳定循环液 pH 值为 1～3，温度为 28～35℃。

② 干法脱硫后 H_2S 含量高的处理方法：更换 Fe_2O_3 填料。

2-80 问：正常情况下，净化后的沼气产量有多少？有哪些用途？

答：干式厌氧及湿式厌氧稳定运行后，脱硫后沼气产量约为 64800m^3/d，峰值可达 70500m^3/d。

产生的沼气部分送至锅炉房，生产饱和蒸汽，供工艺生产使用；剩余部分送至发电机房，产生电能；应急情况下通过封闭式火炬燃烧排放。

2-81 问：含有 H_2S 或净化不彻底的沼气对系统、设施、设备、管道等有哪些危害？

答：净化不彻底的沼气主要存在 H_2S、CO_2、空气、水蒸气和固体杂质等。

(1) H_2S 的危害

沼气燃烧时，硫化氢会转化为腐蚀性很强的 H_2SO_3 气雾，污染环境和腐蚀机器设备，同时 H_2S 在潮湿的环境下对金属管道、燃烧设备、检测设备和仪表等都具有强烈的腐蚀性。因此需将 H_2S 降到机组允许的范围内（含量不得超过 200mg/m^3，标况）才能保证机组的可靠运行。

(2) CO_2 的危害

沼气成分中 CO_2 含量过高，会使沼气能量密度降低，减缓燃烧速度，降低发电效率。

(3) O_2 的危害

常压下标准沼气与空气混合的爆炸极限是 8.8%～24.4%，在封闭条件下，该混合物遇到火会迅速燃烧、膨胀并发生爆炸，因此必须严格控制混合比例。

(4) 水蒸气的危害

沼气中水分含量过高，会导致发电机组的进气压力损耗过大，严重时，会引起发动机点火困难、功率波动、降低内燃机功率、敲缸和停机等问题，并且水蒸气与其他酸性物质的混合物，易对机器产生腐蚀，缩短机器的使用寿命，降低机器的可靠性。一般要求控制水分含量≤40g/m^3（标况）。

（5）固体杂质的危害

沼气中固体粉尘粒度过大、含量过大，会导致发电机组管路堵塞、流通不畅、加大压损、增加运行费用，严重的还会增大机械磨损，降低设备使用寿命。一般要求杂质粒度≤5μm，杂质含量≤30mg/m^3（标况）。

2-82 问：影响生物脱硫、干法脱硫效果的因素有哪些？

答： 影响生物脱硫效果的因素主要是生物菌的活性，影响干法脱硫效果的因素主要为填料结块导致的气孔堵塞进而发生短流现象。

2-83 问：生物脱硫塔压降增大的原因及处理方法是什么？

答： 生物脱硫塔压降增大可能是塔内单质硫积累过多、堵塞风道造成的，需要清塔处理。

2-84 问：生物能源再利用中心沼气如何储存？其最大储存量是多少？

答： 生物能源再利用中心沼气储存系统采用低压干式储气柜进行沼气储存，其具有占地面积小、基础建设投资少、安装相对简单等优点，也可解决防腐难、冬季防冻等问题。

本项目沼气储存系统由2座容积为3000m^3 的储气柜组成，最大储存沼气量6000m^3。

2-85 问：双膜气柜包含哪些结构？其作用分别是什么？

答： 双膜干式储气柜（图2-6）由外膜、内膜、底膜和混凝土基础组成，内膜与底膜围成的内腔用于储存沼气，外膜和内膜之间通入空气撑起一个球体形状，可以起到保持外形和保证恒定工作压力等作用。储气柜设防爆鼓风机，保持气柜内气压稳定。

(a) 外形图

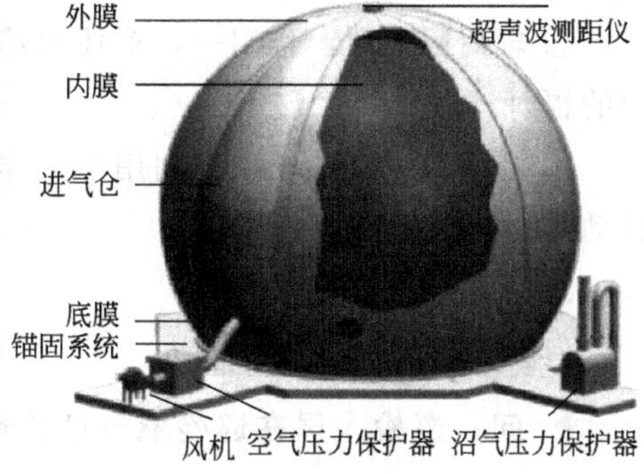

(b) 结构图

图 2-6 双膜干式储气柜

2-86 问：气柜的主要参数宜控制在什么范围？

答：气柜夹层压力一般控制在 0.6～0.9kPa，台风天气可升至 1kPa；内膜正压保护器设定值为 1.2kPa。

气柜内膜高度控制在 6～12m，以 8～11m 最佳（总高度约 13.5m）。

2-87 问：气柜内膜及外膜出现塌陷如何处理？

答：① 气柜内膜塌陷：控制后端用气设备用气速度。

② 气柜外膜塌陷：控制后端用气设备用气速度、调整外膜支撑风机送风量。

2-88 问：应急火炬的作用是什么？由哪些部分构成？其功能是什么？

答：应急火炬主要用于燃烧无法正常利用的沼气。本项目配备的应急火炬燃烧流量为 $3000m^3/h$，最大沼气燃烧量 $72000m^3/d$。火炬的主要组成部分与功能如下。

① 地面火炬。火炬本体采用分级控制多点燃烧系统，具有高效、节能、环保、维护量少和投资省等优点。

② 燃烧器。燃烧器是地面火炬中核心的部件，具备如下特点：操作弹性

大，能适应较大负荷波动范围，在火炬气流量变化时能保证稳定地燃烧。

③ 辐射隔离罩。作用一，罩住火焰看不到明火；作用二，减小火焰对周边的辐射。

④ 点火系统。火炬点火利用沼气作为燃料气，点火沼气管设电磁阀，可自动连锁、手动操作。

⑤ 系统控制系统。

2-89 问：巡检人员在巡检沼气净化储存区域时重点巡检内容有哪些？

答：生物塔喷淋效果；配液罐液位、温度、是否冒泡；循环泵工作状态、出口压力；就地沼气分析仪工作状态；沼气增压风机工作状态；气柜外膜支撑硬度；区域内所有凝水器的水位情况。

2-90 问：沼气系统阻力增大的原因及处理方法是什么？

答：沼气系统阻力增大的原因及处理方法见表2-17。

表 2-17 沼气系统阻力增大的原因及处理方法

原因	处理方式	运行控制
生物脱硫塔填料结垢	填料清洗；清塔	控制喷淋水量；维持塔内合适的氧气供给，减少单质硫的生成
干法脱硫塔填料受潮结块	更换填料	冷干机前后温差10℃以上，保证水汽冷凝效果
厌氧沼气产量超过设计处理能力	降低厌氧进料负荷	合理调整厌氧进料量，尽量保证各厌氧罐错峰产气

2.5 沼气发电系统

2-91 问：生物能源沼气发电机组包含哪些设施设备，其作用分别是什么？

答：沼气发电系统由2台额定发电功率1500kW的内燃发电机组成，配套2台隔音罩。沼气经预处理后进入燃气内燃机，燃气内燃机利用四冲程，涡轮增压、中间冷却、高压点火、稀释燃烧的技术，将沼气的化学能转换成机械能。沼气与空气进入混合器后，通过涡轮增压器增压，冷却器冷却后进入气缸，通过火花塞高压点火，燃烧膨胀推动活塞做功，带动曲轴转动，通过发电机输出电能。

2-92 问：不符合发电机组进气要求的沼气对发电机及发电效果产生的不良影响有哪些，处理方法是什么？

答：不符合进气要求的沼气主要有以下六方面的影响。

（1）H_2S 的影响

硫化氢（H_2S）是一种无色、恶臭、有毒的可燃性气体，对铁等金属有强腐蚀性，极易吸附于金属表面，与多种金属离子作用，生成不溶于水的硫化物沉淀。沼气燃烧时，H_2S 还能转化为腐蚀性很强的 H_2SO_3 气雾，会污染环境和腐蚀机器设备，同时 H_2S 在潮湿的环境下对金属管道、燃烧设备、检测设备和仪表等都具有强烈的腐蚀性。所以沼气在进入发电机组之前必须进行预处理，将 H_2S（含量不得超过 200mg/m^3，标况）降到机组允许的范围内，才能保证机组的可靠运行。

（2）CO_2 的影响

沼气成分中 CO_2 含量过高，会使沼气能量密度降低，减缓燃烧速度，降低发电效率。

（3）O_2 含量的影响

沼气生产中会混入空气，在常压下标准沼气与空气混合的爆炸极限是 8.8%～24.4%。在封闭条件下，遇到火会迅速燃烧、膨胀并发生爆炸，所以必须严格控制混合比例。

（4）NH_3 的影响

NH_3 是一种有刺激性气味的气体，短期内吸入 NH_3 会出现流泪、咽痛、咳嗽、胸闷、呼吸困难、头晕、呕吐和乏力等现象。若吸入 NH_3 过多导致血液氨浓度过高会通过三叉神经末梢反射作用而引起心脏停搏和呼吸停止危及生命。一般要求控制 NH_3 含量≤2mg/m^3。

（5）水的影响

沼气中水分含量过大，会导致发电机组的进气压力损耗过大，严重时，会引起发动机点火困难、功率波动、降低内燃机功率、敲缸和停机等问题，并且水蒸气与其他酸性物质的化合产物，对机器本身产生腐蚀，缩短机器的使用寿命，降低机器的可靠性，一般要求控制水分含量≤40g/m^3（标况）。

（6）固体杂质的影响

固体粉尘是大气环境中涉及面最广、危害最严重的一种污染物。沼气中固体粉尘粒度过大、含量过大，会导致发电机组管路堵塞，流通不畅，加大压损，增加运行费用，严重的还会增大机械磨损，降低设备使用寿命。一般要求杂质粒度≤5μm，杂质含量≤30mg/m³（标况）。

2-93 问：生物能源沼气发电量及用途有哪些？

答：根据计算，2台发电机满负荷全天24h不间断运行，最大发电量为72000kW·h/d。所发电量供工艺生产使用。

2-94 问：巡检人员在沼气发电区域重点巡检内容有哪些？

答：巡检人员应重点巡查沼气发电区域沼气输送管是否有异常，压力表压力是否正常，冷却液压力和控制室显示器上压力是否吻合，打开发电机隔音罩检查机组是否正常，有无漏油。

2-95 问：生物能源沼气发电后的尾气含有哪些污染物？应如何处理？

答：沼气内燃机发电产生的SO_2、CO、NO_x三种污染物浓度满足《上海市大气污染物综合排放标准》（DB 31/933—2015）对应限值，速率无要求；NH_3浓度及速率限值满足《上海市恶臭（异味）污染物排放标准》（DB 31/1025—2016）。

项目采用选择性催化还原（SCR）脱硝技术，以尿素作为还原剂，以V_2O_5为催化剂处理发电机组产生的废气。沼气燃烧发电后的尾气经余热锅炉利用，每台机组后配置1台0.6t/h、1.0MPa余热锅炉，回收利用高温烟气，产生的蒸汽供生产使用。

2-96 问：生物能源使用SCR脱硝技术的过程需要配套哪些材料与装置？

答：尾气脱硝过程需要尿素储存箱、尿素泵、就地控制柜、检测探针、尿素喷针等配套设施，用于温度与氮氧化物的探测、反应过程催化剂（V_2O_5）

的投加使用。

2-97 问：生物能源SCR脱硝技术的反应原理是什么？

答：选择性催化还原（SCR）脱硝技术，其原理是在一定温度和催化剂作用下，还原剂有选择地把烟气中的NO_x还原为无毒无污染的N_2和H_2O，工业应用的还原剂主要是NH_3，其次是尿素。

SCR脱硝技术是目前世界上应用最多、最为成熟且有效的一种烟气脱硝技术。该技术一般采用V_2O_5/TiO_2催化剂，反应温度一般在300～420℃，脱硝效率可达90%，催化剂使用寿命一般为3年。

2-98 问：生物能源影响SCR脱硝效率的因素有哪些？

答：从工艺参数上来看，影响SCR脱硝性能的几个关键因素依次有：反应温度、烟气速度、催化剂的类型、结构和表面积以及烟气/氨气的混合效果。其中催化剂的作用是关键。

2-99 问：生物能源沼气发电与SCR脱硝过程中产生的废弃物、危险废物应如何处理？

答：沼气发电机组日常运行及维护保养会产生废机油及废油桶（危险代码为HW08：900-249-08），SCR脱硝会产生废催化剂（危险代码为HW50：772-007-50），这二者均委托有资质单位处理，不会对环境产生二次污染。

危险废物应储存在危废暂存间内，危废暂存间按照《环境保护图形标志-固体废物贮存（处置）场》（GB 15562.2—1995）设置环保图形标志。项目危废暂存间储存废机油和废油桶，应按照《危险废物贮存污染控制标准》（GB 18597—2001）及修改单的要求设置防渗和防泄漏措施：地面与裙脚采用坚固、防渗的材料建造，建筑材料不会与危险废物发生反应；设有围堰收集泄漏液体，仓库侧墙设有气体导出口；项目应采用耐腐蚀的硬化地面，且表面无裂隙；设计有堵截泄漏的裙脚，地面与裙脚所围建的容积大于堵截最大容器的最大储量或总储量的1/5。此外，危险废物仓库内还应设有安全照明设施和观察窗口；危险废物堆设在室内，符合防风、防雨、防晒等要求，做好地面硬化和环氧地坪等防渗措施。

2.6 沼气锅炉系统

2-100 问：生物能源生产过程中使用哪些类型的锅炉，其特点各是什么？

答：锅炉是一种受热、承压、有发生爆炸危险的特种设备，广泛使用于国民经济各个生产部门和人民生活，它具有与一般机械设备不同的特点。锅炉是一种密闭的容器，具有爆炸危险。由于锅炉本体在高温、承压的条件下运行，比一般机械设备的工作条件更为恶劣。

按其压力分类，主要可以分为常压锅炉、低压锅炉、中压锅炉、高压锅炉、超高压锅炉等，生物能源当前使用的均为压力小于2.5MPa的低压锅炉，对补给水质量要求不高，选用软化水处理工艺。

2-101 问：生物能源锅炉主要控制参数有哪些？

答：锅炉参数是表示锅炉蒸汽产量和质量的指标。蒸汽锅炉的主要参数是额定蒸发量、额定蒸汽压力和额定蒸汽温度。

(1) 额定蒸发量

蒸汽锅炉每小时所产生的蒸汽数量，称为这台锅炉的蒸发量，又称为“出力”或“容量”。用符号 D 表示，常用的单位是t/h。

锅炉蒸发量有额定蒸发量、经济蒸发量和最大连续蒸发量之分。

(2) 额定蒸汽压力

蒸汽锅炉在规定的给水压力和负荷范围内长期连续运行时，应予保证的出口蒸汽压力称为额定蒸汽压力。常用单位是MPa。锅炉产品金属铭牌上标示的压力，就是锅炉的额定蒸汽压力。对于有过热器的蒸汽锅炉，其额定蒸汽压力是指过热器出口处的蒸汽压力；对于无过热器的蒸汽锅炉，其额定蒸汽压力是指锅筒出口处的蒸汽压力。

(3) 额定蒸汽温度

蒸汽锅炉在规定的负荷范围内，额定蒸汽压力和额定给水温度下长期连续运行所必须保证的出口蒸汽温度称为额定蒸汽温度，单位是℃。锅炉产品金属铭牌上标示的温度，就是锅炉的额定蒸汽温度。对于有过热器的蒸汽锅炉，其额定蒸汽温度是指过热器出口处的过热蒸汽温度；对于无过热器的蒸汽锅炉，其额定蒸汽温度指锅炉额定蒸汽压力下所对应的饱和温度。

2-102 问：生物能源如何通过锅炉实现能源与物料上的自用与循环？

答：蒸汽锅炉产生的饱和蒸汽可作为餐厨垃圾预处理、干式厌氧罐供热、沼渣干化等的热源。餐厨垃圾厌氧消化系统产生的沼气经湿法脱硫和干法脱硫后通过架空管道输送至锅炉房，作为蒸汽锅炉的燃料；锅炉产生的饱和蒸汽通过管道送至各耗能单元，产生的可回收的冷凝水回送至锅炉房内的软水箱，循环回用。

2-103 问：若锅炉运行相关重要指标参数不在正常范围内，应如何处理？

答：锅炉运行过程应重点关注锅炉本体压力、锅炉水位计、沼气压力表压力等指标，如出现异常情况，则需立即进行停炉，并通知机修、电工检查维修。

2-104 问：生物能源沼气燃烧锅炉的低氮燃烧器脱氮效果如何？

答：低氮燃烧器就是将传统燃烧器进行增加鼓风机、引风机、变频器使用控制阀和多个电路集成，让清洁能源和燃烧器作业为锅炉提供更高效的热能，是用于控制 NO_x 排放量的主要措施。

低氮燃烧技术具有技术成熟、投资和运行费用少、NO_x 减排效果较为明显，且适用于老机组的改造等优点。采用不同低氮燃烧技术的措施，NO_x 排放量的减排率不同，但减排率均高于 45%；在其他的研究中，低氮燃烧法控制 NO_x 的排放量其减排率可达到 45%。

2-105 问：如何预防和清洗锅炉水垢？

答：含有杂质的给水未进行处理就进入锅炉，在锅炉运行一定时间后，经过不断的蒸发、浓缩，当锅水中的杂质（溶解固形物）的浓度达到饱和程度时，就会产生沉淀，黏附在锅筒及管壁上，形成一层白色硬皮，称为水垢。

(1) 水垢的危害

① 水垢的热导率很小，是金属热导率的 1/50～1/30，使锅炉蒸发量下降，热损失增大，每结 1mm 厚的垢，浪费燃料 3%～5%。

② 易造成爆管、裂管事故的发生。由于热传导性能差，使金属表面温度急剧升高，导致金属表面过热，而使机械强度降低，这样易造成管子起包和裂口，造成爆管事故。

③ 除垢困难，浪费人力，缩短锅炉使用寿命。

④ 堵塞管路，影响正常循环，会减小受热管内部流通截面，增加管内水循环的流动阻力，严重时流通截面很小，甚至完全堵塞，就会破坏锅炉水循环的正常工作，而使管子烧坏造成事故的发生。

（2）水垢预防

① 锅炉必须具有给水处理装置，保证锅炉给水符合水质指标的要求。

② 对于采用离子交换法生产软水的装置，必须按时序进行定时的水质检测，按时序进行树脂塔的切换和再生，并检验再生效果，切勿延长运行周期。其次，因树脂存在破碎、氧化、流失、老化等因素，要定期补充树脂。

③ 在锅炉的运行中，除了严格控制给水外，因浓缩作用，必须对锅炉进行合理的排污。通过化验，若发现炉水的碱度太大，就要加大连续排污，反之，应减少排污；每班至少做一次定期排污，以排除沉淀于锅筒、联箱下部的泥垢。

④ 在停炉期间，要对锅炉中的加热元件及垢层进行测厚，并及时清洗已形成的水垢，保证锅炉安全高效地运行。

（3）除垢方法

① 手工及机械除垢。使用工具用人力直接从小型锅炉壁上除去水垢。这种方法可使用手锤、铲刀、刮刀、金属刷子、洗管器等工具用人力直接从锅炉壁上除去水垢。这种方法操作简单，易于实行，但劳动强度大，费时，易受锅炉结构的限制，除垢时锅炉壁易受机械损失。

② 化学除垢。分碱洗法和酸洗法，碱洗法就是将不同品种、不同浓度的碱液注入锅炉，然后在一定的压力下进行煮炉，从而达到碱洗的目的。酸洗除垢时，酸能清除锅炉受热面上的水垢，同时也会与金属反应，从而使锅炉遭到腐蚀或穿孔。因此酸洗的技术与要求比较高，锅炉酸洗除垢时，必须请具有相应酸洗级别的酸洗单位来进行。清洗前对锅炉进行检查及采样分析。

2-106 问：锅炉给水应符合什么标准要求？

答：本工程化学水处理系统主要为蒸汽锅炉提供软化水，蒸汽锅炉额定压力为1.0MPa，锅炉给水水质应符合《工业锅炉水质》（GB/T 1576—2008）

中的相关水质要求，如表 2-18 所示。

表 2-18 锅炉给水水质

项目		指标
额定蒸汽压力/MPa		<1.0
补给水类型		软化水
给水要求	浊度/FTU	<5.0
	硬度/(mmol/L)	<0.030
	pH值(25℃)	7.0～9.0
	溶解氧/(mg/L)	<0.10
	油/(mg/L)	<2.0
	全铁/(mg/L)	<0.30
	电导率(25℃)/(μS/cm)	—

2-107 问：生物能源锅炉给水处理工艺流程是什么？

答：工业锅炉水处理方法很多，总体可分为锅外水处理和锅内水处理。锅外水处理主要是水的软化，即在水进入锅炉之前，通过物理的、化学的及电化学的方法除去水中的钙、镁硬度盐和氧气，防止锅炉结垢和腐蚀。锅内水处理就是往锅炉（或给水箱、给水管道）内投加药剂，达到防止或减轻锅炉结垢和腐蚀的目的。

生物能源锅炉给水制备工艺流程如图 2-7 所示。

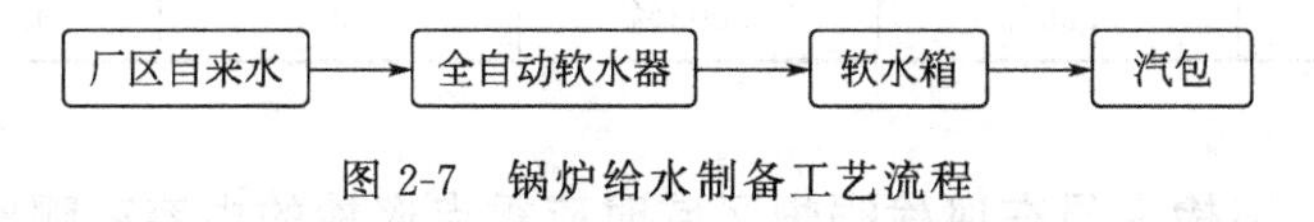

图 2-7 锅炉给水制备工艺流程

本工程选用的一体化软水器采用进口全自动控制器，可根据运行时间设置再生，系统全程自动运行，无需派专人值守，操作人员只需定期向盐桶内加盐即可，其出水水质满足锅炉给水水质的要求。

2-108 问：生物能源为什么要对锅炉给水进行除氧？其除氧效果如何？

答：锅炉结垢和腐蚀一直是影响锅炉寿命的难题。溶解在水中的氧是造成锅炉腐蚀的重要因素，氧腐蚀是影响锅炉安全运行和使用寿命的关键问题之一。氧是很活泼的气体，它能跟绝大多数金属直接化合，形成沉淀或稳定的化合物，起腐蚀作用的是水中的溶解氧。试验证实，腐蚀速度与溶液中氧的浓度成正比。

锅炉给水处理工艺过程中，除氧是一个非常关键的环节。氧是给水系统和锅炉的主要腐蚀性物质，锅炉给水中的溶解氧会腐蚀热力系统的金属。腐蚀产物在锅炉热负荷较高处结成铜铁垢，使传热恶化，甚至造成爆管。国家规定蒸发量大于等于2t/h的蒸汽锅炉和水温≥95℃的热水锅炉都必须除氧。因此，化工生产中经过软化或除盐的补给水和凝结水，在进入锅炉之前一般都要进行除氧。只有这样才能确保锅炉的使用寿命，降低事故发生的危害。

2-109 问：生物能源配套设置的柴油储存设备有哪些？

答：锅炉房东侧设1只$15m^3$的埋地柴油罐，油罐车将柴油卸入油罐，经输油泵将柴油输送至锅炉房内$1m^3$的日用油箱。柴油罐设呼吸阀、液位计；日用油箱设供油管、回油管、通气管等。

埋地油罐：卧式油罐，有效容积$15m^3$，材质碳钢。

输油泵：$1m^3/h$，$20m^3$，2台（1用1备）。

日用油箱：$1m^3$。

柴油用量为$44.69m^3$/年。

柴油参数如表2-19所示。

表2-19 柴油参数

项目	硫分	灰分	挥发分	热值
数值	3.05%	0.002%	0	42.6MJ/kg

2-110 问：巡检人员在巡检锅炉区域时应重点巡检的内容有哪些？

答：检查锅炉沼气压力是否正常且稳定，锅炉本体压力是否正常，锅炉水位计和控制屏上的数字是否一致，各个传送管道是否正常。

2.7 除臭系统

2-111 问：除臭系统的工艺流程是什么？

答：除臭系统采用“生物除臭＋化学洗涤＋活性炭吸附除臭”的组合除臭

工艺，臭气通过除臭系统处理后降低致臭成分浓度，净化后达标排放。生物除臭＋化学洗涤为主处理工艺，运行成本低，活性炭吸附装置置于生物除臭后端，经生物除臭处理后的气体若达标，可直接通入风机排放；若排放不达标，可通入活性炭吸附装置，臭气穿过活性炭过滤吸附层时，气体中的致臭分子被活性炭截留吸附，从而达到过滤净化的目的。活性炭吸附除臭装置出口连接除臭风机（风机后置）。在活性炭吸附设备前设计超越管道至除臭风机。除臭系统工艺流程如图 2-8 所示。

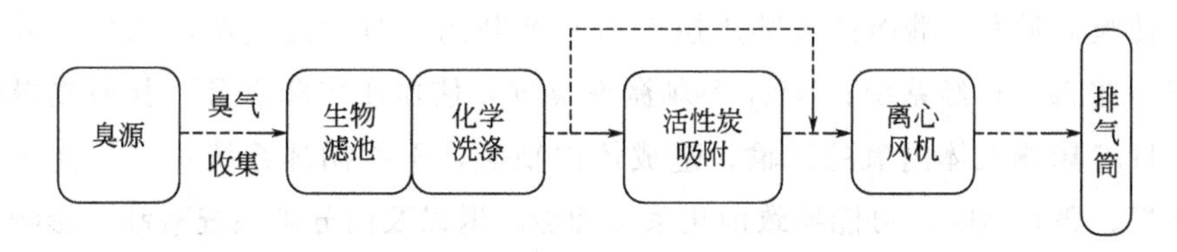

图 2-8　除臭系统工艺流程

2-112 问：除臭系统由哪些单元组成，其作用是什么？

答： 整套除臭系统主要包括离子氧送风单元、植物液空间雾化喷淋单元、高浓度臭气预洗涤塔、末端除臭单元以及活性炭吸附单元。

离子氧送风单元主要负责给各封闭车间提供新鲜空气，同时通过车间内除臭吸风口及新风出风口位置的合理排布，加强车间内的整体空气流通，减少异味积聚区域，保障人员工作环境。

植物液空间雾化喷淋单元主要是针对异味持续性散发的半封闭空间准备的，例如卸料大厅以及出渣间。经喷嘴雾化后的天然植物液与这些区域空气中的异味分子接触并消除，通过一定频率的植物液喷洒抑制空气中异味分子浓度的上升。

高浓度臭气预洗涤塔的主要作用是利用化学药剂对除臭风管收集到的部分臭气做预洗涤处理，消除其中可能影响到后端生物除臭箱内生物菌活性的成分。

末端除臭单元由生物除臭箱和化学洗涤箱串联构成，主要依靠生物菌吸收或转化臭气中的异味成分，再利用化洗方式去除生物菌难以处理的剩余异味分子，能以较为经济的方式保证不错的除臭效果。

活性炭吸附单元是作为应急处置单元准备的，可以在末端除臭单元意外失效时保证整体尾气排放符合法规标准，是一种应急手段。

2-113 问：生物能源恶臭气体的来源有哪些？

答：恶臭气体主要包括预处理车间中原生湿垃圾散发的异味、厌氧污泥在处理过程中散发的异味、沼气脱硫系统收集到的含有 H_2S 的气体等。

恶臭是一种影响广泛的公害，对人体的毒害是多方面的：恶臭可引起人体反射性地抑制吸气，妨碍正常呼吸功能；神经系统长期受到低浓度恶臭的刺激，使嗅觉脱失，继而使大脑皮层兴奋与抑制的调节功能失调，恶臭成分如 H_2S 直接毒害神经系统；NH_3 等刺激性臭气，使血压先降后升，脉搏先慢后快，H_2S 影响人体内氧的运输，造成体内缺氧，干扰循环系统；臭气使人食欲不振、恶心呕吐，可能导致消化系统功能减退以及内分泌系统紊乱，影响机体的代谢活动。此外，氨和醛类对眼睛有较强的刺激作用。

2-114 问：除臭系统的对气体污染的控制标准是什么？

答：恶臭污染物厂界标准值是对无组织排放源的限值，见表 2-20。

表 2-20 恶臭污染物厂界标准值

序号	控制项目	单位	一级	二级		三级	
				新扩改建	现有	新扩改建	现有
1	氨	mg/m³	1.0	1.5	2.0	4.0	5.0
2	三甲胺	mg/m³	0.05	0.08	0.15	0.45	0.80
3	硫化氢	mg/m³	0.03	0.06	0.10	0.32	0.60
4	甲硫醇	mg/m³	0.004	0.007	0.010	0.020	0.035
5	甲硫醚	mg/m³	0.03	0.07	0.15	0.55	1.10
6	二甲二硫	mg/m³	0.03	0.06	0.13	0.42	0.71
7	二硫化碳	mg/m³	2.0	3.0	5.0	8.0	10
8	苯乙烯	mg/m³	3.0	5.0	7.0	14	19
9	臭气浓度	无量纲	10	20	30	60	70

1994 年 6 月 1 日起立项的新、扩、改建设项目及其建成后投产的企业执行二级、三级标准中相应的标准值。

恶臭污染物排放标准值见表 2-21。

表 2-21 恶臭污染物排放标准值

序号	控制项目	排气高度/m	排放量/(kg/h)
1	硫化氢	15	0.33
		20	0.58
		25	0.90
		30	1.3
		35	1.8
		40	2.3
		60	5.2
		80	9.3
		100	14
		120	21
2	甲硫醇	15	0.04
		20	0.08
		25	0.12
		30	0.17
		35	0.24
		40	0.31
		60	0.69
3	甲硫醚	15	0.33
		20	0.58
		25	0.90
		30	1.3
		35	1.8
		40	2.3
		60	5.2
4	二甲二硫醚	15	0.43
		20	0.77
		25	1.2
		30	1.7
		35	2.4
		40	3.1
		60	7.0

续表

序号	控制项目	排气高度/m	排放量/(kg/h)
5	二硫化碳	15	1.5
		20	2.7
		25	4.2
		30	6.1
		35	8.3
		40	11
		60	24
		80	43
		100	68
		120	97
6	氨	15	4.9
		20	8.7
		25	14
		30	20
		35	27
		40	35
		60	75
7	三甲胺	15	0.54
		20	0.97
		25	1.5
		30	2.2
		35	3.0
		40	3.9
		60	8.7
		80	15
		100	24
		120	35
8	苯乙烯	15	6.5
		20	12
		25	18
		30	26
		35	35
		40	46
		60	104

续表

序号	控制项目	排气高度/m	排放量/(kg/h)
9	臭气浓度①	15	2000
		25	6000
		35	15000
		40	20000
		50	40000
		≥60	60000

① 臭气浓度为无量纲值。

2-115 问：除臭系统各单元的控制要点及相应控制方式是什么？

答：除臭系统各单元控制要点及相应控制方式如表 2-22 所示。

表 2-22　除臭系统各单元控制要点及相应控制方式

单元		控制要点	控制方式
植物液空间雾化喷淋单元		喷淋频率、单次喷射量	根据现场实际情况，微调自控程序参数
离子氧送风单元		送风量	保持风扇过滤网的清洁，及时清除杂物
尾气洗涤塔单元		塔内循环液 pH 值、补排水量	自控程序设置的参数自动控制
末端除臭单元	生物箱	循环液各项指标	调整自控程序的补排水频率并保持循环水喷淋的稳定性
	化学洗涤箱	自控程序的补排水频率	调整自控程序中的药剂投加参数

2-116 问：臭气收集系统由哪些结构组成，应如何调度操作？

答：臭气收集系统主要由各式风管及调节风阀组成，通过布置在厂房各处的抽风口连续收集臭气，而各抽风口的风阀开度由实际除臭需求决定。

2-117 问：除臭设施在冬季与夏季运行有什么差异？

答：除臭设施由于包含大量喷淋及喷雾设备，在冬季需要做好防冻工作，特殊情况下应及时关闭部分系统并排出管路内积存的液体。

此外，生物除臭箱由于生物菌的繁殖需求，冬季需要通过蒸汽加热的方式稳定菌液的温度。

2-118 问：除臭系统采用了哪些除臭药剂？

答：在高浓度臭气洗涤塔，根据所收集臭气的成分不同（氨气或酸性气体），使用不同酸碱性的化学药剂中和其 pH 值，本工程目前使用的是柠檬酸和 NaOH 溶液。

此外，在末端除臭单元生物箱则使用 NaClO 及 NaOH 调节循环液的氧化还原电位（ORP）及 pH 值。

2-119 问：除臭系统运行过程中的常见问题及排除方法有哪些？

答：除臭系统运行过程中的常见问题及排除方法如表 2-23 所示。

表 2-23　除臭系统运行过程中的常见问题及排除方法

<table>
<tr><th>常见故障</th><th>可能原因</th><th>排除方法</th><th>备注</th></tr>
<tr><td>水泵漏水</td><td>机封损坏</td><td>检查机封是否损坏，若损坏更换机封</td><td rowspan="17">具体参照离心泵使用说明书</td></tr>
<tr><td>初期净化效果不明显</td><td></td><td>是否按系统调试操作</td></tr>
<tr><td>系统声音异常</td><td></td><td>1. 检查风管支架及零配件是否松动
2. 风机运行是否正常</td></tr>
<tr><td rowspan="3">系统无法启动</td><td>电源未合</td><td>检查电源</td></tr>
<tr><td>电机损坏</td><td>检查电机</td></tr>
<tr><td>急停合闸</td><td>急停开关</td></tr>
<tr><td>启动后水泵不运转</td><td>液位偏低</td><td>检查液位</td></tr>
<tr><td rowspan="4">水泵运行有异响</td><td>叶轮内有垃圾</td><td>清理叶轮内的垃圾</td></tr>
<tr><td>叶轮损坏</td><td>更换叶轮</td></tr>
<tr><td>弹性块损坏</td><td>更换弹性块</td></tr>
<tr><td>固定螺栓松动</td><td>紧固固定螺栓</td></tr>
<tr><td>水泵出口压力高</td><td>喷嘴堵塞</td><td>清洗或更换喷嘴</td></tr>
<tr><td>磁翻板液位计不可用</td><td>浮球卡涩</td><td>清洗浮球表面污垢或更换新浮球</td></tr>
<tr><td rowspan="3">除臭效果不明显</td><td>液位偏低，水泵未启动</td><td>加湿泵是否运行</td></tr>
<tr><td>循环水管是否堵塞</td><td>疏通循环水管</td></tr>
<tr><td>微生物生长不佳</td><td>调整微生物生存环境</td></tr>
</table>

2.8 中央控制系统

2-120 **问：什么是中央控制系统？**

答： 中央控制系统简称中控系统。中控系统是对生产设备进行开关机；在运行过程中对各设备、池子实行电流、液位、温度以及运行状态等实时监控；同时也可通过监控录像对现场人员的操作规范和人身安全起到提醒、督促、保护作用的控制系统。

2-121 **问：生物能源中控系统由哪些控制界面组成？其作用分别是什么？**

答： 中控系统由浆料除渣、提油单元、厨余系统、湿式厌氧、沼气处理、除臭系统、干式厌氧、锅炉系统、沼气发电、沼渣干化、废水调节、报警系统等界面组成。在餐饮垃圾与厨余垃圾处理的相关界面中，可操作该控制单元相关设备，包括各个水池的泵，时实关注设备的各个参数是否正常，如有异常，及时跟现场人员沟通处理；厌氧界面可操作控制进料情况，火炬开度调节，脱硫过程的药剂添加等。

2-122 **问：如何实现餐饮垃圾物料从码头运输到生物能源的动态呼叫？**

答： 当餐饮垃圾料坑中物料位置到达可继续进料的高度条件时，中控人员判断实际可进料量。通过管控系统的动态呼叫对需求物料进行呼叫，由码头分配送料。当车辆到达卸料现场时，通过泊位上方电子显示板的指令，进行卸料。

2-123 **问：当车辆进行卸料时，中控操作员有哪些注意事项？**

答： 车辆卸料时，现场人员将与车辆直接接触，中控操作员应当通过监控录像，观察现场人员是否合理避让车辆以保证自身人身安全，必要时做出提醒。同时查看倾倒物料是否含有可能损坏设备的异物。

2-124 问：发现物料进料异常时，中控操作员应如何处理？

答：当发现物料中有异物时，首先可通过肉眼判断异物的质地与含量，若可能对设备造成损坏时，应及时通知现场人员将异物取出，达到及时止损的目的。

2-125 问：为保证餐饮预处理车间按时正常开机运行，中控操作员有哪些注意事项？

答：为了保证每日正常的开机运行。中控操作员首先需跟现场人员确认现场有无维修作业情况，以免造成伤害事件。确认无误的情况下，观察各池液位，根据实际液位高低，按顺序开启设备运行。

2-126 问：为保证生产稳定运行，中控操作员在运行监管过程中应当关注什么？

答：中控操作员在生产过程中主要承担观察设备参数与运行情况、沟通现场工作人员与远程操作设备等责任，确保安全生产。

2-127 问：当发现餐饮车间分拣机堵转时，中控操作员应如何处理？

答：分拣机堵转一般是由于分拣机摆臂与滤网的夹缝中卡入大骨棒一类的硬物质，导致摆臂无法继续正常的钟摆运动（图 2-9 为分拣机内部摆臂与金属滤网口）。当发生该现象时，可通过中控操作手动开启系统，实现系统复位，若无法恢复正常运转，则需通知现场人员调至手动状态（就地状态）进行反转试验，如果仍无法恢复，需断电后，由现场操作人员打开设备清理硬物。

2-128 问：餐饮车间精分制浆系统在运行中，应当关注哪些关键因素？

答：精分制浆系统的设备主要由精分机、制浆机和输送螺旋组成。当该系统运行时，应关注精分机和制浆机的运行电流以及精分过程的用水流量。当出现电流异常时，应呼叫现场人员观察输送螺旋的物料情况，通过反馈对设备运

图 2-9　分拣机内部实物图

行做出调整。当精分过程出现用水流量异常时，应呼叫现场人员调整水流量至规定范围。

2-129 **问：餐饮车间提油单元在运行时，应当关注哪些关键因素？**

答：提油单元的主要设备为卧式离心机。当该系统运行时，应主要关注提油加热罐中物料的温度和卧式离心机的电流。这两个因素直接影响到提取油脂的质量及产量，为提油单元的重点。同时，应关注油池和室外毛油罐的液位变化，提醒相关人员及时呼叫毛油装载车辆。

2-130 **问：当预处理生产结束，现场设备准备关机前，中控操作员应当注意哪些？**

答：设备关机前，应令现场人员仔细观察所有设备的运行状态，保持稳定正常，以保证第二天的正常开机运行。如发现异常问题及时解决。其次，查看各池液位情况，根据实际液位，按顺序准确地将设备关闭，检查有无遗漏。

2-131 **问：当发现人工分拣皮带暂停时，中控操作员如何处理？**

答：首先通过监控录像判断是何原因导致的设备停止，若出现物料堵塞情况，停止前段进料并通知电工断电，让现场人员及时清理，当清理完毕后让电工恢复送电，对堵塞设备进行调试，确认无误后重新恢复生产。

2-132 问：当发现厨余料坑沥水管道出水量过大，导致沥水池液位迅速上涨时，中控操作员应当如何处理？

答：由于厨余料坑特性，厨余沥水可能会出现泄洪情况。此时，中控人员应当时刻关注液位涨幅，若在可控范围内，可略微加大后端设备的用水量，以达到进出水量的平衡，最后消耗。若液位涨幅过大，可通知现场人员关闭通孔设备并将沥水孔堵塞，避免失控。同时在允许的情况下加大后端设备用水量，当液位有明显下降时，可重新开启通孔设备，继续观察液位情况。

2-133 问：当发现浆液池输送泵流量不稳定，对生产运行造成一定影响时，中控操作员应当如何处理？

答：浆液中多存在泥砂等颗粒物，导致输送泵和管道连接处堵塞。此时可先让现场人员打开手动阀门，利用压力来疏通堵塞的异物。若依然无效，中控人员可开启备用输送泵，保证生产运行，同时通知相关人员将原输送泵断电进行疏通。

2-134 问：当发现干式厌氧混料箱搅拌轴出现故障时，中控操作员如何处理？

答：首先通知电工将故障信号消除，令现场人员查看，确认故障原因。如是异常物料导致搅拌轴卡死时，可通过中控系统向混料箱加注自来水，增大运行频率来稀释物料，达到正常出料目的。如果不是物料原因，则通知维修人员查看是否为设备或电气问题。

2-135 问：当发现干式厌氧液压站出现故障时，中控操作员如何处理？

答：首先对故障液压站进行复位操作，若复位无法排除故障，可通知现场人员检查设备，判断具体故障原因，是出现物料堵塞或缺少液压油等，针对切实的问题做出相应的解决方法。

2-136 问：湿式厌氧1（均质罐）界面应当关注哪些关键参数？

答：湿式厌氧1（均质罐）界面包括冷却水塔、循环冲洗桶和均质罐。此界面应当注意如下参数。

① 均质罐的液位及温度控制在合理范围之内。

② 循环冲洗桶的液位。若水位缺失，可能造成现场设备损坏。

③ 冷却水塔是否有水，保证均质罐的温度控制。

2-137 问：湿式厌氧2（厌氧罐）界面应当关注哪些设备的运行状态？

答：厌氧罐界面包括五个厌氧罐的相关操作。此界面应当注意：搅拌机是否定时开启，循环系统是否正常运行，产气量是否正常，水封罐液位及压力控制器是否正常，以便及时有效地为后端设备供气。

2-138 问：当发现厌氧罐水封罐压力和安全控制器压力较高时，中控操作员应当如何处理？

答：此时应尽快通知现场人员控制水封罐液位，将压力控制器压力调整至规定范围内，保证沼气顺利输送。

2-139 问：当沼气柜增压风机频繁故障时，中控操作员应如何操作？

答：首先应对故障液压站进行复位操作，若复位无法排除故障，可通知现场人员检查设备，判断具体故障原因，是否出现物料堵塞或缺少液压油，针对切实的问题做出相应的解决方法。

2-140 问：当发电机突发故障，导致沼气柜压力变送器压力过大，中控操作员如何处理？

答：当一台发电机故障停机时，多余的沼气会瞬间提高管道压力，此时应当先开启火炬来减低平衡管道压力，避免对另外一台发电机造成影响，同时通知现场人员查看设备是否正常并重新开启发电机。

2-141 **问：污水外排至渗沥液厂时，中控操作员应做好哪几点？**

答： 基于渗沥液厂收纳污水的要求，外排污水各指标应控制在合理范围内。开启外排泵前应跟渗沥液厂沟通外排水类别，以便渗沥液厂准确接收至指定处理池，并核对流量大小，做好实时记录。

2.9 检验检测系统

2-142 **问：生物能源再利用（一期）项目建立检测实验室的目的及意义是什么？**

答： 化验检验工作是现代工业发展及环境保护工作的重要环节。分析数据不仅可以对进、出料进行分析，而且还能及时为工艺流程提供数据支撑，以便检验工艺运行的效果，同时还需要根据工艺参数生产要求及政策法规，执行相关分析任务。由此可见，生物能源再利用（一期）项目建立实验室，购置必要的仪器、设备及化学试剂，选拔培训合格的化验人员，实行严格的科学管理意义重大。只有建立起自己的检测实验室，才能实现化验工作井然有序地进行。

2-143 **问：运行过程中，不同工艺段物料的主要检测项目有哪些？**

答： 生物能源运行过程的主要检测项目如表 2-24 所示。

表 2-24 生物能源运行过程的主要检测项目

工艺阶段	检测项目	项目的作用
预处理阶段	含油量	检测提油前后的原浆油分浓度
均质罐暂存阶段	pH 值(酸碱度)	检测原浆液酸碱度
	COD(化学需氧量)	检测原浆液 COD 浓度
	NH_4^+-N(氨氮)	检测原浆液 NH_4^+-N 浓度
	SS(悬浮物)	检测原浆液污泥浓度
	含固率	检测原浆液有机质浓度
	含油量	检测原浆油分浓度

续表

工艺阶段	检测项目	项目的作用
湿式厌氧发酵阶段	pH值(酸碱度)	检测反应器酸碱度
	COD(化学需氧量)	检测反应器降解情况
	NH_4^+-N(氨氮)	检测反应器出水NH_4^+-N浓度
	ALK(碱度)	检测反应器出水碱度
	VFA(挥发性脂肪酸)	检测反应器酸碱度及降解情况
	SS(悬浮物)	检测反应器污泥浓度
	电导率	作为参考
	含固率	检测反应器污泥浓度
干式厌氧发酵阶段	pH值(酸碱度)	检测反应器酸碱度
	COD(化学需氧量)	检测反应器降解情况
	NH_4^+-N(氨氮)	检测反应器出水NH_4^+-N浓度
	ALK(碱度)	检测反应器出水碱度
	VFA(挥发性脂肪酸)	检测反应器酸碱度及降解情况
	含固率	检测反应器污泥浓度
脱硫阶段	pH值(酸碱度)	查看脱硫细菌的生长情况
	COD(化学需氧量)	查看营养物质含量
	NH_4^+-N(氨氮)	查看营养物质含量
	SS(悬浮物)	查看脱硫水箱是否积了太多硫单质(过多会导致脱硫塔淤堵)
气浮脱水阶段	SS(悬浮物)	检测气浮出水效果
	脱水沼渣含水率	检测离心机脱水效果
锅炉阶段	软化水硬度	检查软化水设备软化效果
沼渣干化阶段	干化沼渣含水率	检查造粒干化机运行效果
除臭阶段	pH值(酸碱度)	查看生物箱内部情况(便于及时调整换水频率和换水量)
	TDS(溶解性总固体)	查看生物箱内部情况(便于及时调整换水频率和换水量)
	电导率	查看生物箱内部情况(便于及时调整换水频率和换水量)

2-144　问：化验检验过程中，如发现数据异常，应如何处理？

答：(1) 计算错误

需由原分析员和主管/经理两人进行复核，复核内容包括原始数据和日期。

（2）检验设备错误

由原分析员记录当时发生的情况，并由主管/经理进行确认。需要在初始的记录上注明“检验设备发生错误，需要重新测试”或相同含义的文字表述。

（3）新仪器调试数据产生误差

由原分析员记录误差发生的情况，并由主管/经理进行确认。需要在初始的记录上注明“仪器处于调试阶段，目前数据存在误差”或相同含义的文字表述。

（4）测试错误

如发现测试错误，比如样品溶液配制错误等，原分析员立即记录相关情况。

（5）参数设置错误

由原分析员记录当时发生的情况，并由主管/经理进行确认。需要在初始的记录上注明“参数设置错误，需要重新进行测试”或相同含义的文字表述。

2-145 问：实验室的样品检测方法及依据标准是什么？

答：实验室的样品检测方法及依据标准如表2-25所示。

表 2-25　实验室的样品检测方法及依据标准

检测项目	测定方法	依据标准
pH值(酸碱度)	电极法	《水质　pH值的测定　玻璃电极法》(GB 6920—1986)
COD(化学需氧量)	消解比色法	《水质　化学需氧量的测定　重铬酸钾法》(HJ 828—2017)
NH_4^+-N(氨氮)	水杨酸法	《水质　氨氮的测定　水杨酸分光光度法》(HJ 536—2009)
SS(悬浮物)	重量法	《水质　悬浮物的测定　重量法》(GB 11901—1989)
含固率	重量法	《水和废水监测分析方法》(第四版)
含油量	红外分光光度法	《水质　石油类和动植物油类测定红外分光光度法》(HJ 637—2018)
ALK(碱度)	酸碱滴定法	《水和废水监测分析方法》(第四版)
VFA(挥发性脂肪酸)	酯化法	《水和废水监测分析方法》(第四版)
电导率	电极法	《水和废水监测分析方法》(第四版)

续表

检测项目	测定方法	依据标准
软化水硬度	电极法	《水和废水监测分析方法》(第四版)
TDS(溶解性总固体)	重量法	《水和废水监测分析方法》(第四版)
TS(总固体)	重量法	《水和废水监测分析方法》(第四版)
VS(挥发性固体)	重量法	《水和废水监测分析方法》(第四版)

2-146 问：简述取样的步骤、方法、数量及注意事项。

答：(1) 取样人员要求

熟悉取样地点和取样流程，掌握取样技术和取样工具的使用，了解样品被污染的风险以及相应的安全防范措施。

(2) 取样器具要求

① 取样容器表面光滑、抗破裂性强、密封性能好、方便清洗和重复使用。

② 根据所取样品选择合适的取样器具：取样勺、浸入试管、加重式容器、节点取样器、取样棒等。

(3) 取样原则和数量

① 物料类别：原料、浆液、渣料、油料、污水等。

② 原则：可根据生产主管的指令来制订取样方案，按紧急程度做好取样安排。

③ 取样数量：通常为检验所需的3倍量，其中包括检验、复验、留样量。

(4) 取样的注意事项

① 从固定的取样口取样：应注意将管道壁内滞留的污染物排出后再进行采样，防止异物进入样品。

② 从出水口、调节水池等落水口采样：采样设备应深入水面下0.5m左右，避免表面水样水质的不稳定性带来监测数据的失真。

③ 具体参照如下取样流程操作。

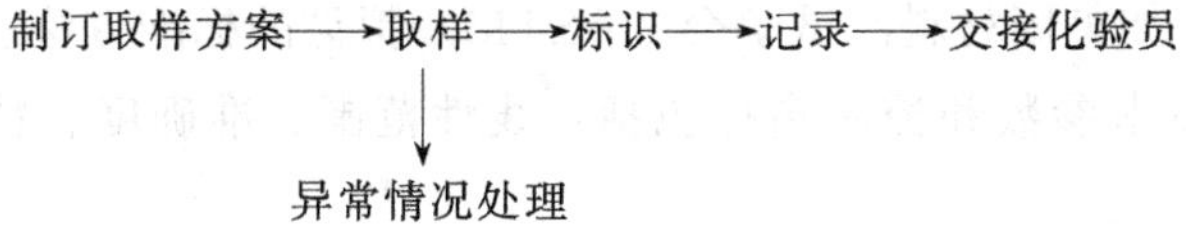

制订取样方案→取样→标识→记录→交接化验员

取样↓异常情况处理

取样是生产运行过程中重要的一环。如果样品没有代表性，其分析结果就不能准确反映出目前的运行情况。取样错误会导致工艺控制后续过程处于可疑状态。

2-147 问：哪些不利因素会对化验结果的准确性造成影响？

答：(1) 取样的质量

样品是从大量物质中选取的一部分物质。样品的测定结果是总体特性量的估计值。由于总体物质的不均匀性，用样品的测定结果推断总体，必然引入误差，此误差为取样误差。

(2) 样品处理与回收率

在样品处理过程中可能产生溶解、分离、富集不完全，或被测组分挥发、分解而产生负的系统误差；另一方面还会由于器皿、化学试剂、环境和操作者污染被测组分而产生正的系统误差。在样品处理过程中即使没有产生明显的系统误差，也会引入较大的随机误差。

(3) 分析空白的控制与校正

① 分析空白及其作用。分析空白及其变动性对痕量和超痕量分析结果的准确度、精密度以及分析方法的检出限起着决定性作用。

② 分析空白的控制主要有以下几点：

a. 消除或控制实验环境对样品的污染；

b. 化学试剂对样品中被测组分的污染随试剂纯度和用量而变；

c. 储存、处理样品所用的器皿，如果材质不纯或者未洗涤干净均可能污染样品；

d. 避免分析者对样品的污染。

③ 空白试验。根据空白试验值及其标准差，对试样测定值进行空白校正。

(4) 测量方法的适用性

① 测量方法的类别与等级。现有标准方法数以千计，大体可分为3种类型：

a. 检测产品技术规格的普及型标准方法；

b. 为贯彻某些法规而开发的标准方法，称为官方方法；

c. 基础性标准方法，如美国材料测试学会（ASTM）拟订的标准方法。

② 测量方法的主要技术参数和控制指标包括：线性范围、准确度、精密度、灵敏度、检出限等。

(5) 测量方法的校准

制作准确而有效的校准曲线是获得准确可靠测量结果的重要前提。制作准确有效的校准曲线应使用准确可靠的计量标准，可用于消除或者测定干扰与基体效应的影响；控制试验条件，合理设计试验。

应按以下原则设计试验。

a. 为了尽可能保持测量样品的试验条件与制作校准曲线的条件一致，应在较短时间间隔内制作和使用校准曲线。

b. 校准曲线上的试验点数最好在 5 个以上，且试验点的量值范围尽可能宽，以提高校准曲线的可靠性与稳定性。

c. 各试验点最好做重复测量，取平均值，至少应在校准曲线的端点做重复测定，以减少试验误差。

（6）分析方法标准化

标准分析方法又称分析方法标准，是技术标准中的一种。一个项目的测定往往有多种可供选择的方法，这些方法的灵敏度不同。对仪器和操作的要求不同。而且由于方法的原理不同，干扰因素也不同，甚至其结果的表示含义也不尽相同。

2-148 问：当化验结果持续超出或低于厂家要求的范围值时应如何处理？

答：（1）预处理阶段

含油量越低越好，油分含量高代表预处理提油率下降，需要查看提油单元设备提油效果。

（2）均质罐暂存阶段

① COD。过低代表预处理后的浆料有机质过低，含水率高；过高代表预处理后的浆料有机质过高，含水率低。

② SS。过高需引起注意，SS 中有机成分过高会增加厌氧反应负荷，造成处理量下降，SS 中无机成分如砂砾过高会增加厌氧反应器砂砾累积，过高时需加强预处理除砂。

③ 含固率。通过均质罐前端预处理工艺，控制含固率在 8%～12%。

④ 含油量。越低越好，油分含量高代表预处理提油率下降，油分会在厌氧反应器内累积，造成厌氧效率下降。

（3）湿式厌氧发酵阶段

① pH 值。低于 7.5 需引起注意，需降低处理量（包括进料量和进料浓度），高于 8.5 需注意化验是否准确。

② COD。越低越好，随着处理量的提升会升高，超过 15000mg/L 代表处理负荷过高，需与 VFA、沼气产量指标一同判断是否需降低处理量。

③ NH_4^+-N。越低越好，超过3500mg/L，代表进料中含固率较高，进料中蛋白有机质过高；超过4000mg/L，会抑制厌氧反应，需降低进料中含固率。

④ VFA。越低越好，随着处理量的提升会升高，超过3000mg/L代表处理负荷过高，需与COD、沼气产量、pH值指标一同判断是否需降低处理量。

⑤ SS。与含固率配合观察用于调整排渣频率，如整个反应平均浓度低于20000mg/L需降低排泥量，高于40000mg/L需加大排泥量。

⑥ 含固率。用于观察罐体消化情况，以2%～4%为宜。含固率过低可适当增加进料负荷，过高则降低。

(4) 干式厌氧发酵阶段

① pH值。低于7.5需引起注意，需降低处理量（包括进料量和进料浓度），高于8.5需注意化验是否准确。

② COD。越低越好，随着处理量的提升会升高，超过25000mg/L代表处理负荷过高，需与VFA、沼气产量指标一同判断是否需降低处理量。

③ NH_4^+-N。越低越好，超过4000mg/L，代表进料中含固率较高，进料中蛋白有机质过高；超过6000mg/L，会抑制厌氧反应，需降低进料中含固率。

④ VFA。越低越好，随着处理量的提升会升高，超过4500mg/L代表处理负荷过高，需与COD、沼气产量、pH值指标一同判断是否需降低处理量。

⑤ 含固率。低于10%，需考虑回流干化沼渣或脱水沼渣。

(5) 脱硫阶段

① pH值。高于范围值减少沼液量，减少换水量；低于范围值加大换水量。

② COD。低于范围值多加沼液，高于范围值少加沼液。

③ NH_4^+-N。低于范围值多加沼液补充营养物质，高于范围值少加沼液，可以稍微超出范围但不能低于范围值。

④ SS。数值一般越少越好，超过最大范围值可以多排水和换水，把单质硫排出。

(6) 气浮脱水阶段

① SS。越低越好，SS偏高，检查离心机和气浮的运行工况，药剂量投加是否充足，压缩空气供应是否充足，溶气管路是否畅通。

② 脱水沼渣含水率。若含水率超过80%，检查离心机运行工况，主副机工作电流是否增大，离心机是否需要进行清洗，药剂量投加是否充足。

2-149 问：实验室的主要废弃物有哪些？

答： 试验过程中产生的废弃物具有各种毒性、易燃性、爆炸性、腐蚀性、化学反应性和传染性，并会对生态环境和人类健康构成危害。包括：化学品空容器，过期与报废化学品，研究、试验等产生的化学废弃物，沾染化学品的实验器皿、耗材等废弃物，过期的样品等。

2-150 问：如何安全处理实验室废弃物？

答：（1）垃圾箱

对于适合公共卫生垃圾场处理，且不会对处理人产生危害的惰性固体垃圾，可直接丢入垃圾箱，但必须符合《中华人民共和国固体废物污染环境防治法》的相关规定。

（2）下水道排放

经预处理方法处理后安全无害的实验室废弃物，符合相关环保法律法规排放要求，可直接通过下水道排放。

（3）焚烧、溶剂回收

对不含固体、腐蚀性或可能起化学反应的废有机溶剂应分类、收集，也可混入燃料后在锅炉房或发电站进行燃烧处理。

（4）实验室包装

将少量的液体或固体实验室废弃物按照毒药、氧化剂、易燃物、腐蚀性的酸和腐蚀性的碱进行分类，然后用双层的密封罐收集，送往指定的安全场所或特定的垃圾场处理。

（5）固化

在带有内衬且上端开口的金属罐中，对经过适当预处理后的液体实验室废弃物添加相容的固化剂（如蛭石、硅藻土或泥土等）。采用固化处理的容器要仔细密封，并做适当标识。

（6）废物变换

某一实验室不需要的药剂或废液对于其他实验室并非完全无用，在有效的信息交换及确定分类原则下，可交换再利用。

2-151 问：实验室管理制度具体有哪些？

答：① 实验室人员应严格掌握、认真执行实验室相关安全制度、仪器管理、药品管理、玻璃器皿管理制度等相关要求。

② 进入实验室必须穿工作服，戴好口罩，非实验室人员不得进入实验室，严格执行安全操作规程。

③ 实验室内要保持清洁卫生，每天上下班应进行清扫整理，桌柜等表面应每天用消毒液擦拭，保持无尘，杜绝污染。

④ 实验室应井然有序，物品摆放整齐、合理，并有固定位置。禁止在实验室吸烟、进餐、会客、喧哗，或作为学习娱乐场所，不得存放实验室外个人用品、仪器等。严禁在冰箱、温箱、烘箱、微波炉内存放和加工私人食品。

⑤ 随时保持实验室卫生，不得乱扔纸屑等杂物，测试用过的废弃物要倒在固定的箱桶内，并立即处理。

⑥ 试剂应定期检查并有明晰标签，仪器定期检查、保养、检修，各种器材应建立申请、领取、消耗记录，贵重仪器填写使用记录，破损遗失应填写报告，药品、器材等不经批准不得擅自外借或转让，更不得私自拿出。

⑦ 进行高压、干烤、消毒等工作时，工作人员不得擅离现场，认真观察温度、时间、压力等。

⑧ 试验完毕，及时清理现场和实验药具，对于有毒、有害、易燃、有腐蚀性的物品和废弃物按有关要求执行，两手用清水肥皂洗净，必要时用消毒液泡手，然后用水冲洗。

⑨ 离开实验室前，尤其节假日应认真检查水、电、气、汽和正在使用的仪器设备，关好门窗方可离去。

⑩ 部门负责人督促本制度严格执行，根据情况给予奖惩，出现问题应立即处理、上报。

2.10 生产人员管理体系

2-152 问：生物能源再利用（一期）项目的生产人员架构及岗位设置情况是怎样的？

答：生物能源项目的生产人员架构及岗位设置如图 2-10 所示。

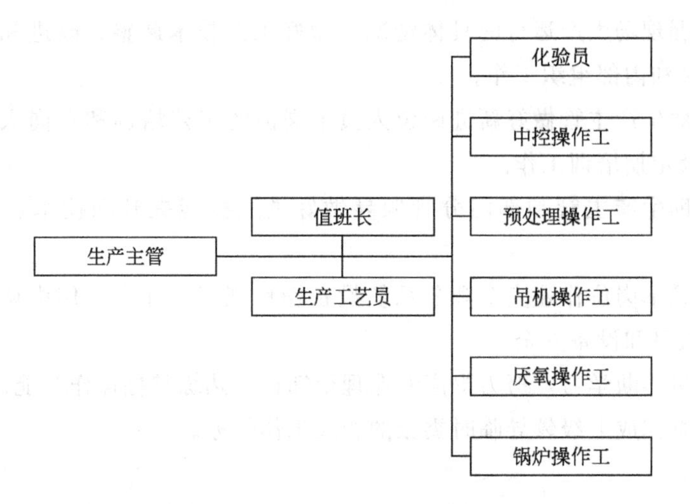

图 2-10 生物能源项目的生产人员架构及岗位设置

2-153 问：生产工艺员的工作职责是什么？

答：① 认真遵守公司各项规章制度和要求，保持良好的工作状态。

② 在生产主管领导下开展工作，负责生产各系统工艺的具体实施和控制。

③ 协助生产主管做好各系统工艺规程、操作规程的制订和维护工作，负责督促生产现场工艺规程、操作规程的实际执行情况。

④ 负责各系统运行工艺控制点所需的运行记录台账的相关制订、维护、监督和按月归档等工作。

⑤ 负责监督各班次作业的生产记录，并定期进行审核，对生产记录的及时性、真实性、准确性、规范性负责。

⑥ 负责收集各岗位的生产技术数据，分类按日、周、月、季、年度、专项要求汇总，及时发布和上报。

⑦ 负责现场各系统工艺参数的控制，对生产过程中出现的工艺参数偏差进行及时纠正，掌握工艺参数的变化趋势，不断优化。

⑧ 参与部门生产运行、工艺改进等专题会议，认真做好会议相关内容准备和会议纪要，根据会议要求和确定的方案认真做好现场生产运行和工艺改进的具体实施工作。

⑨ 负责监督生产各系统试剂、药剂等耗材的使用情况，结合工艺变化及时做好用量的调整，保证生产运行稳定，严格控制生产成本。

⑩ 掌握现场生产运行的具体情况，做好工艺技术调整、改进和相应培训的外部对接和内部组织工作。

⑪ 协助生产主管做好新进岗位人员上岗前的工艺培训和在岗人员岗中工艺指导以及定期培训工作。

⑫ 协助生产主管和部门分管领导做好员工技能提升和技术比武等组织工作。

⑬ 熟悉本岗位作业安全和各系统设备操作规程，并在工作中认真贯彻执行，确保人身和设备安全。

⑭ 通过不断学习，努力提高专业理论知识，熟练掌握操作技能。

⑮ 认真完成上级领导临时委派的相关工作任务。

2-154 问：值班长的工作职责是什么？

答：① 认真遵守公司各项规章制度和要求，保持良好的工作状态。

② 全面负责当值工艺的整体运行，按生产计划要求做好当班的进料和处理量控制，协调处理各系统的工艺异常和突发状况，确保全系统安全平稳运行。

③ 全面协调当值设备检维修、项目消缺、功能改造等施工项目，确保施工安全。

④ 按规定和要求定时巡视各工序的运行状况，并做好记录，对发现的问题及时处理并汇报，对重大问题及时报告生产主管和分公司领导。

⑤ 认真填写操作记录、报表、交接班日志，如实反映本值运行情况。

⑥ 协助化验室做好当值采样工作，出现异常结果应做好分析并及时汇报。

⑦ 全面负责当值人员的考勤工作。

⑧ 负责完成当值工艺技术的教育培训和安全监督工作。

⑨ 负责当值协作单位人员作业管理。

⑩ 落实倒班交接制度，主持交接会，接班人员应至少提前10min到岗。

⑪ 处理交接班事宜，落实责任并保持记录。

⑫ 主动建立健全值班生产运行台账、报表、交接日志等相关记录。

⑬ 全面负责当值中控及现场施工区域的5S管理工作。“5S”即整理（SEIRI）、整顿（SEITON）、清扫（SEISO）、清洁（SEIKETSU）、素养（SHITSUKE）。

⑭ 熟练掌握本岗位安全管理职责，熟悉生产运行各系统安全操作规程并监督和约束运行操作人员严格执行，确保作业安全。

⑮ 通过不断学习，努力提高业务能力和管理创新能力。

⑯ 认真完成上级领导临时委派的相关工作任务。

2-155 **问：中控操作工的工作职责是什么？**

答：① 认真遵守公司各项规章制度和要求，保持良好的工作状态。

② 在生产主管领导下开展工作，负责生产各系统的远程操控和监控。

③ 服从值班长的工作安排和指挥，做好本班各项工作，按规定做好各种记录。

④ 熟悉掌握全厂生产工艺流程及相关操作规程，牢记系统各种工艺参数，根据各系统生产工艺要求的参数实施规范监控，确保参数稳定、准确。

⑤ 工作中必须时刻保持与现场运行人员的联系，设备启动前应做好与现场人员的确认，生产运行中有异常反馈信息应立即向当班中控负责人汇报，得到指示后方可操作，如因操作不当或不负责任行为造成损失的，要承担相应经济损失。

⑥ 工作中密切注意各系统设备的运转情况，经常与现场相关人员保持联系，能及时发现问题并协调配合现场运行人员快速解决问题，并做好处置、恢复等相关记录。

⑦ 操作人员不得随意退出运行界面，严禁在操作电脑充电、插外部存储盘、运行游戏等行为。工作期间，坚守岗位，不得擅离职守、随便走动。

⑧ 操作人员必须掌握控制室电脑、设备的工作原理和工艺生产规程、参数，准确识别、熟练操作各种符号标识，并熟悉各工序设备及现场位置，遇紧急情况能做出果断反应。

⑨ 严格执行中控室的安全操作规程，强化安全防范意识，严禁违章操作，杜绝事故的发生。遇到紧急情况或重大故障时应积极采取有效的应急措施，并及时向值班长通报。

⑩ 当班人员必须如实填写好中控操作运行交接班记录，如实反映本班生产运行状况及故障发生的原因和处理结果，尚未处理或处理完毕的，应向接班者详细说明，并提出重点注意事项。

⑪ 当班人员要时刻保持中控室内清洁、安静、整齐、安全，杜绝闲人进入。

⑫ 通过不断学习，努力提高专业理论知识，掌握熟练的操作技能。

⑬ 认真完成上级领导临时委派的相关工作任务。

2-156 问：预处理操作工的工作职责是什么？

答：① 认真遵守公司各项规章制度和要求，保持良好的工作状态。

② 负责餐饮和厨余垃圾进料系统、预处理系统、提油系统的工艺操作和巡检工作。

③ 按照生产运行主管的指令和生产作业计划，认真完成当班的工艺运行操作任务，同时按运行要求做好相关参数的记录、汇总、上报。

④ 按照规定要求做好关键工位、设备、工艺点的巡检记录，出现异常情况及时处理，无法处理时及时上报，并按要求配合处理。

⑤ 对接中控，定时对现场温度计、液位计、流量计等数据进行核对，保证中控监测数据的准确有效。

⑥ 按照中控指令，紧急处置各系统运行过程中出现的工艺异常问题。

⑦ 按照化验计划和运行临时需要，做好各取样点的取样工作，并及时送往化验室化验，化验结果做好数据记录。

⑧ 定时做好各加药设备的药剂补充与配制工作，保证工艺效果实现。

⑨ 根据生产运行的物量平衡要求，配合做好废水与渣料的外运处理并做好记录。

⑩ 按照预防为主的要求，注意观察设备运行状态，发现异常情况协调检维修人员及时处理。

⑪ 出现设备故障时，密切协助检维修人员工作，按相关作业要求做好交接工作。

⑫ 熟知工艺流程，善于查找工艺不足并提出改进建议，提高系统运行水平。

⑬ 坚持文明生产，注意保持作业环境整洁，认真做好班次间的工作交接。

⑭ 熟悉本岗位作业安全和设备操作规程，并在工作中认真贯彻执行，确保人身和设备安全。

⑮ 通过不断学习，努力提高专业理论知识，掌握熟练的操作技能。

⑯ 认真完成上级领导临时委派的相关工作任务。

2-157 问：化验员的工作职责是什么？

答：① 认真遵守公司各项规章制度和要求，保持良好的工作状态。

② 负责相关生产工艺系统物料（主要为原料、浆液、渣料、油料、污水等）的化验工作，满足生产运行要求。

③ 定期检查化验室各种分析检测设备、仪表的运行状况，及时维护保养，发现问题及时处理、报告。

④ 编制化验设备、器皿、试剂采购计划，确保化验室工作正常开展。

⑤ 熟悉相关生产工艺流程，能对相应化验结果做出初步分析，判定化验结果的可靠性。

⑥ 认真做好化验数据的收集，根据需要做好数据的传递、汇总和分析工作。

⑦ 认真做好当班化验器皿的清洗工作，保持化验室清洁，做到工完、料净、场地清。

⑧ 熟悉化验岗位安全和设备操作规程，并在工作中认真贯彻执行，确保人身和设备安全。

⑨ 通过不断学习，努力提高专业理论知识，掌握熟练的操作技能。

⑩ 认真完成上级领导临时委派的相关工作任务。

2-158 问：吊机操作工的工作职责及职业技能要求是什么？

答：① 认真遵守公司各项规章制度和要求，保持良好的工作状态。

② 该岗位为特种作业岗位，经岗位培训并考试合格，取得特种作业操作证后方能独立上岗操作。

③ 按照生产计划要求，操作吊机完成当班垃圾的吊运工作。

④ 吊运作业中认真观察垃圾品质及进料情况，做好与中控和相关岗位的对接配合，保证有序进料。

⑤ 了解作业区域生产工艺流程，认真做好当班相关数据的记录收集和传递工作。

⑥ 熟悉吊机操作和日常维护规程，定期检查吊机的运行状况，做好日常维护和相关记录，发现问题及时处理，无法处理时及时报告。

⑦ 坚持文明生产，注意保持吊机室环境整洁，认真做好工作交接。

⑧ 熟悉本岗位作业安全和设备操作规程，并在工作中认真贯彻执行，确保人身和设备安全。

⑨ 通过不断学习，努力提高专业理论知识，掌握熟练的操作技能。

⑩ 认真完成上级领导临时委派的相关工作任务。

2-159 问：厌氧操作工的工作职责是什么？

答：① 认真遵守公司各项规章制度和要求，保持良好的工作状态。

② 负责厌氧系统、沼气预处理系统、气浮车间、离心机房、污水调节池、除臭系统和沼渣干化系统的工艺操作和巡检工作。

③ 按照生产运行主管的指令和生产作业计划，认真完场当班的工艺运行操作任务，同时按运行要求做好相关参数的记录、汇总、上报。

④ 按照规定要求做好关键工位、设备、工艺点的巡检记录，出现异常情况及时处理，无法处理时及时上报，并按要求配合处理。

⑤ 对接中控，定时对现场温度计、液位计、流量计等数据进行核对，保证中控监测数据的准确有效。

⑥ 按照中控指令，紧急处置各系统运行过程中出现的工艺异常问题。

⑦ 按照化验计划和运行临时需要，做好各取样点的取样工作，并及时送往化验室化验，化验结果做好数据记录。

⑧ 定时做好各加药设备的药剂补充与配制工作，保证工艺效果实现。

⑨ 根据生产运行的物量平衡要求，配合做好废水与渣料的外运处理并做好记录。

⑩ 按照预防为主的要求，注意观察设备运行状态，发现异常情况协调检维修人员及时处理。

⑪ 出现设备故障时，密切协助检维修人员工作，按相关作业要求做好交接工作。

⑫ 熟知工艺流程，善于查找工艺不足并提出改进建议，提高系统运行水平。

⑬ 坚持文明生产，注意保持作业环境整洁，认真做好班次间工作交接。

⑭ 熟悉本岗位作业安全和设备操作规程，并在工作中认真贯彻执行，确保人身和设备安全。

⑮ 通过不断学习，努力提高专业理论知识，掌握熟练的操作技能。

⑯ 认真完成上级领导临时委派的相关工作任务。

2-160 问：锅炉操作工的工作职责及职业技能要求是什么？

答：① 认真遵守公司各项规章制度和要求，保持良好的工作状态。

② 该岗位为特种作业岗位，经岗位培训并考试合格，取得特种设备作业人员证后方能独立上岗操作。

③ 负责锅炉、水处理、发电机系统的工艺操作及巡检工作。

④ 按照生产运行主管的指令和生产作业计划，认真完场当班的工艺运行操作任务，同时按运行要求做好相关参数的记录、汇总、上报。

⑤ 按照规定要求做好关键工位、设备、工艺点的巡检记录，出现异常情况及时处理，无法处理时及时上报，并按要求配合处理。

⑥ 对接中控，定时对现场温度计、液位计、流量计等数据进行核对，保证中控监测数据的准确有效。

⑦ 按照中控指令，紧急处置各系统运行过程中出现的工艺异常问题。

⑧ 定时做好各加药设备的药剂补充与配置工作，保证工艺效果实现。

⑨ 按照预防为主的要求，注意观察设备运行状态，发现异常情况协调检维修人员及时处理。

⑩ 出现设备故障时，密切协助检维修人员工作，按相关作业要求做好交接工作。

⑪ 熟知工艺流程，善于查找工艺不足并提出改进建议，提高系统运行水平。

⑫ 坚持文明生产，注意保持作业环境整洁，认真做好班次间工作交接。

⑬ 熟悉本岗位作业安全和设备操作规程，并在工作中认真贯彻执行，确保人身和设备安全。

⑭ 通过不断学习，努力提高专业理论知识，掌握熟练的操作技能。

⑮ 认真完成上级领导临时委派的相关工作任务。

2-161 问：电气人员的工作职责及职业技能要求是什么？

答：① 负责仪表电气自动化设备的日常巡检、维修、年检、自动化仪表设备软硬件的改造更新。

② 定期组织自动化人员进行安全、技能培训。

③ 负责对自控系统设备的配件选型，技术革新和改造工作。

④ 电气工程师需兼顾强电与弱电方面的管理知识（弱电指一般家用、生产用、商用的220V、380V电压；强电指10kV的外高压线；弱电维修必须持有低压电工证，强电维修必须持有高压电工证，持有配套证件进入相关工作场所）。

⑤ 直管厂区内弱电部分，涉及操作、检修、设备维保等，强电部分由上海沪电电力工程有限公司检查检修，进行倒闸操作。

⑥ 出现设备故障时，密切协助检维修人员工作，按相关作业要求做好交接工作。

⑦ 熟知工艺流程，善于查找工艺不足并提出改进建议，提高系统运行水平。

⑧ 坚持文明生产，注意保持作业环境整洁，认真做好班次间工作交接。

⑨ 熟悉本岗位作业安全和设备操作规程，并在工作中认真贯彻执行，确保人身和设备安全。

⑩ 通过不断学习，努力提高专业理论知识，掌握熟练的操作技能。

⑪ 认真完成上级领导临时委派的相关工作任务。

2.11 环境质量控制

2-162 问：生物能源再利用中心（一期）项目在运行过程中会产生哪些废弃物？应如何处理？

答：(1) 废气

运行过程中产生的大气污染物主要来自于湿垃圾预处理车间、湿式厌氧罐、干式厌氧缓存间及干式厌氧附属设备间、脱水机房、干式沼液储池、沼气干化车间、固液分离车间和调节池的恶臭气体，沼气蒸汽锅炉的燃烧废气以及发电机组的燃烧废气。

(2) 废水

废水主要有脱水沼液，干化冷凝水，沼气净化排水，软水制备排水，锅炉排污水，除臭系统排水，车间地面、设备、车辆和进场道路的冲洗废水，循环冷却系统排污水，生活污水，食堂含油废水。

初期雨水收集至初期雨水收集池后，通过泵打入调节池中，最后调配至综合填埋场二期配套渗沥液处理系统；食堂含油废水和生活污水与其他低浓度生产废水（冷却塔、锅炉和软水制备）均纳入上海海滨污水处理有限公司；其他高浓度生产废水则进入项目调节池均质后排入综合填埋场二期配套渗沥液处理系统。

(3) 固体废物

产生的固体废物主要为预处理车间产生的分选无机杂质、沼气净化处理产生的废脱硫剂、锅炉软水制备定期更换的废树脂、职工生活垃圾等。

分离出的杂物、砂石、重物质、脱水沼渣、干化沼渣、金属及脱水沼渣、废活性炭、废包装袋均直接由密闭车辆运转，废脱硫剂主要为硫、硫化铁、氧化铁等直接交由原厂家进行更换和回收，均不在厂区储存。

废机油和废油桶为危险废物，储存在危废暂存间内，危险废物暂存间应按照《环境保护图形标志　固体废物贮存（处置）场》（GB 15562.2—1995）设置环保图形标志，委托有资质单位进行处置。

2-163　问：生物能源运行过程产生的水、气、声、固（土壤）污染需遵循哪些污染物排放标准（相应项排污许可证要求）？

答： 水污染遵循《上海市污水综合排放标准》（DB 31/199—2018）。

废气污染遵循《上海市大气污染物综合排放标准》（DB 31/933—2015）、《上海市恶臭（异味）污染物排放标准》（DB 31/1025—2016）、《上海市锅炉大气污染物排放标准》（DB 31/387—2018）。

声污染遵循《工业企业厂界环境噪声排放标准》（GB 12348—2008）。

固体（土壤）污染遵循《土壤环境质量　建设用地土壤污染风险管控标准（试行）》（GB 36600—2018）。

2-164　问：生物能源有组织排放废气、厂界无组织排放废气等过程须遵循哪些标准？

答： 废气污染排放标准要求如表2-26所列。

表2-26　废气污染排放标准要求

污染因子			执行标准	浓度限值/（mg/m³，标况）	速率限值/（kg/h）
有组织废气	蒸汽锅炉废气	NO_x	《上海市锅炉大气污染物排放标准》（DB 31/387—2018）	50	—
		SO_2		10	—
		颗粒物		10	—
		林格曼黑度		1	—

续表

污染因子			执行标准	浓度限值/(mg/m³,标况)	速率限值/(kg/h)
有组织废气	蒸汽锅炉废气	NO_x	《上海市锅炉大气污染物排放标准》(DB 31/387—2018)	50	—
		SO_2		10	—
		颗粒物		10	—
		林格曼黑度		1	—
	除臭系统废气	臭气浓度	《上海市恶臭(异味)污染物排放标准》(DB 31/1025—2016)	1000(无量纲)	—
		NH_3(氨气)		30	1
		H_2S		5	0.1
		CH_4S		0.5	0.01
	内燃机废气	NH_3(氨气)	《上海市大气污染物综合排放标准》(DB 31/933—2015)	30	1
		NO_x		200	—
		CO		1000	—
		SO_2		200	—
无组织废气	厂界	臭气浓度	《上海市恶臭(异味)污染物排放标准》(DB 31/1025—2016)	20(无量纲)	—
		NH_3(氨气)		1	—
		H_2S		0.06	—
		CH_4S		0.004	—

2-165 问：生物能源雨水、高浓度废水、低浓度污水等废水排放时，需遵循哪些标准？

答：废水污染排放标准要求如表 2-27 所示。

表 2-27 废水污染排放标准要求

污染因子		执行标准	标准浓度限值/(mg/L)
纳入市政污水管网	pH 值	《上海市污水综合排放标准》(DB 31/199—2018)	6～9
	SS		400
	TN(以 N 计)		70
	BOD_5		300
	COD		500
	氨氮(NH_4^+-N)		45
	TP(以 P 计)		8
	动植物油		100
雨水	SS		30
	COD		60

2-166 问：噪声污染控制需遵循哪些标准？

答：噪声污染排放标准要求如表 2-28 所示。

表 2-28 噪声污染排放标准要求

<table>
<tr><th rowspan="2">噪声类别</th><th colspan="2">生产时段</th><th rowspan="2">执行排放标准名称</th><th colspan="2">厂界噪声排放限值 dB(A)</th><th rowspan="2">备注</th></tr>
<tr><th>昼间</th><th>夜间</th><th>昼间</th><th>夜间</th></tr>
<tr><td>稳态噪声</td><td>6:00～22:00</td><td>22:00～6:00</td><td rowspan="3">《工业企业厂界环境噪声排放标准》(GB 12348—2008)</td><td>60</td><td>50</td><td>监测参照执行《排污单位自行监测技术指南 总则》(HJ 819—2017)：企业厂界噪声应至少每季度开展一次监测</td></tr>
<tr><td>频发噪声</td><td>是</td><td>是</td><td>—</td><td>—</td><td>夜间频发噪声的最大声级超过限值的幅度不得高于 10dB(A)</td></tr>
<tr><td>偶发噪声</td><td>是</td><td>是</td><td>—</td><td>—</td><td>夜间偶发噪声的最大声级超过限值的幅度不得高于 15dB(A)</td></tr>
</table>

2-167 问：生物能源有组织排放废气、厂界无组织排放废气的环境监测方案是什么？

答：(1) 有组织排放

① 监测点位：1 个排气筒和 2 个内燃机排放口。

② 监测频率：1 次/季度。

生物能源排气筒监测方案如表 2-29 所列。

表 2-29 生物能源排气筒监测方案

<table>
<tr><th>监测点位置</th><th>监测符号</th><th>监测项目</th><th>监测周期、频率</th></tr>
<tr><td>除臭系统废气</td><td>DA001#</td><td>臭气浓度、NH_3、H_2S、CH_4S</td><td>1 次/季度</td></tr>
<tr><td>内燃机废气 1</td><td>DA002#</td><td rowspan="2">CO、NO_x、SO_2、NH_3</td><td rowspan="2">1 次/季度</td></tr>
<tr><td>内燃机废气 2</td><td>DA003#</td></tr>
</table>

③ 评价标准：排气筒排放评价执行标准限值如表 2-30 所列。

表 2-30 排气筒排放评价执行标准限值

项目名称	标准限值/(mg/m³,标况)	备注
臭气浓度	1000(无量纲)	《上海市恶臭(异味)污染物排放标准》(DB 31/1025—2016)
NH_3	30	
H_2S	5	
CH_4S	0.5	

(2) 厂界无组织排放

无组织监测 4 点：周界外 1m 处（4 点）。

① 监测点位：4 点。

② 监测频率：每季度 1 次。

无组织废气监测方案如表 2-31 所列。

表 2-31 无组织废气监测方案

监测点位置	监测符号	监测项目	监测周期,频率
厂界	1	臭气浓度、NH_3、H_2S、CH_4S	每季度 1 次
	2		
	3		
	4		

③ 评价标准：无组织排放评价标准如表 2-32 所列。

表 2-32 无组织排放评价标准

项目名称	标准限值/(mg/m³,标况)	备注
臭气浓度	20(无量纲)	《上海市恶臭(异味)污染物排放标准》(DB 31/1025—2016)
H_2S	0.06	
CH_4S	0.004	
NH_3	1.0	

(3) 锅炉废气

① 监测点位：2 个蒸汽锅炉废气排放口；

② 监测频率：每个月 1 次。

锅炉废气监测方案如表 2-33 所列。

表 2-33 锅炉废气监测方案

监测点位置	监测符号	监测项目	监测周期、频率
蒸汽锅炉废气排放口	1#、2#	林格曼黑度、SO_2、NO_x、颗粒物	NO_x 一次/月,其他三种污染物一次/季度

③ 评价标准：锅炉废气排放评价执行标准限值如表 2-34 所列。

表 2-34 锅炉废气排放评价执行标准限值

项目名称	标准限值/(mg/m^3,标况)	备注
NO_x	50	《上海市锅炉大气污染物排放标准》(DB 31/387—2018)
SO_2	10	
颗粒物	10	
林格曼黑度	≤1 级	

2-168 问：生物能源水环境监测方案是什么？

答：(1) 地下水监测

① 监测点位：监测井。

② 监测频率：监测频率为 1 次/年。

地下水监测计划如表 2-35 所列。

表 2-35 地下水监测计划

监测点位置	监测符号	监测项目	监测周期、频率	分析方法
监测井	1N-0#	氨氮(NH_3-N)、硝酸盐(以 N 计)、亚硝酸盐(以 N 计)、高锰酸盐指数、pH 值、硫酸盐(以 SO_4^{2-} 计)、氯化物(以 Cl^- 计)、总大肠菌群	1 次/年	每次 2d，第一天洗井、第二天采样。每井采 1 个水样 1. 中国环境监测总站《环境水质监测质量保证手册》第二版 2. 国家环境保护总局《水和废水监测分析方法》(第四版) 3.《水质采样样品的保存和管理技术规定》(GB 14848—91) 4.《地下水质量标准》(GB 14848—2017)等规定的方法

③ 评价标准：根据《老港固体废弃物综合利用基地规划环评》，提出地下水的环境目标为达到Ⅳ类水质，故项目所在区域地下水环境执行《地下水质量标准》(GB/T 14848—2017) 中Ⅳ类水标准"

表 2-36 地下水Ⅴ类水质标准 (GB/T 14848—2017)　　单位：mg/L

序号	项目	Ⅳ类
1	pH(无量纲)	5.5～6.5/8.5～9.0
2	耗氧量(CODmn 法，以 O_2 计)	≤10
3	氨氮(以 N 计)	≤1.50
4	硝酸盐(以 N 计)	≤30.0
5	亚硝酸盐(以 N 计)	≤4.80
6	挥发性酚类(以苯酚计)	≤0.01
7	砷	≤0.05
8	汞	≤0.002

续表

序号	项目	Ⅳ类
9	六价铬	≤0.10
10	总硬度(以 $CaCO_3$ 计)	≤650
11	铅	≤0.10
12	氟化物	≤2.0
13	镉	≤0.01
14	铁	≤2.0
15	锰	≤1.50
16	硫酸盐	≤350
17	氯化物	≤350
18	总大肠杆菌群/(MPN/100mL 或 CFU/100mL)	≤100
19	铜	≤1.50
20	锌	≤5.00
21	钠	≤400
22	三氯甲烷	≤300

(2) 渗沥液监测方案

① 监测点位：DW001 污水排放口 1 个，DW002 污水排放口 1 个。

② 监测频率：每季度 1 次。

渗沥液监测内容如表 2-37 所列。

表 2-37 渗沥液监测内容

监测点位置	监测符号	监测项目	监测周期、频率	分析方法
DW001	2-11#	pH值、色度、COD、BOD_5、SS、NH_4^+-N、TN、TP	每季度一次，每次采集 3 个样	1. 中国环境监测总站《环境水质监测质量保证手册》(第二版) 2. 国家环境保护总局《水和废水监测分析方法》(第四版) 3.《水质采样样品的保存和管理技术规定》(GB 12999—91) 4.《生活垃圾填埋场环境监测技术要求》(GB/T 18772—2002) 5.《生活垃圾填埋场污染控制标准》(GB 16889—2008)
DW002	2-11#	pH 值、SS、COD、BOD_5、NH_4^+-N、TN、TP、动植物油	每季度一次，每次采集 3 个样	1. 中国环境监测总站《环境水质监测质量保证手册》(第二版) 2. 国家环境保护总局《水和废水监测分析方法》(第四版) 3.《水质采样样品的保存和管理技术规定》(GB 12999—91) 4.《生活垃圾填埋污染控制标准》(GB 16889—1997) 5.《生活垃圾填埋场环境监测技术要求》(GB/T 18772—2002) 6.《生活垃圾填埋场污染控制标准》(GB 16889—2008)

③ 评价标准：项目渗沥液排入渗沥液厂二期，不进行考核。

（3）雨水口监测方案

① 监测点位：DW003 雨水排放口 1 个。

② 监测频率：每月 1 次。

雨水监测计划如表 2-38 所列。

表 2-38 雨水监测计划

监测点位置	监测符号	监测项目	监测周期，频率	分析方法
DW003	1-1#	SS、COD	1次/月，雨水排放口每月有流动水排放时开展一次监测。如一年监测无异常情况，可放宽至每季度有流动水排放时开展一次监测	1. 中国环境监测总站《环境水质监测质量保证手册》（第二版） 2. 国家环境保护总局《水和废水监测分析方法》（第四版） 3.《水质采样样品的保存和管理技术规定》（GB 12999—91） 4.《地表水环境质量标准》（GB 3838—2002）等规定的方法 5.《上海市污水综合排放标准》（DB 31/199—2018）

③ 评价标准：按上海市水环境功能分区，雨水排放口执行《上海市污水综合排放标准》（DB 31/199—2018）二级标准，标准限值详见表 2-39。

表 2-39 雨水口评价标准限值 单位：mg/L

监测因子	限值
	DB 31/199—2018 二级标准
SS	30
COD	60

2-169 问：生物能源噪声和土壤监测方案是什么？

答：（1）噪声监测方案

进行昼夜间的噪声监测。

① 监测点位：4 点。

② 监测频率：4 次/年。

噪声监测方案如表 2-40 所列。

表 2-40 噪声监测方案

监测点位置		测点符号	工况要求	监测项目	监测时段	监测方法
厂区周界外1m处	东面边界外1m	1#	监测时记录经过车辆数量及车型	等效声级（A声级）	昼夜间时段每时段监测2次	《工业企业厂界环境噪声排放标准》(GB 12348—2008)
	南面边界外1m	2#				
	西面边界外1m	3#				
	北面边界外1m	4#				

③ 评价标准：评价标准执行《工业企业厂界环境噪声排放标准》(GB 12348—2008) 2类区，厂界噪声标准限值为昼间等效声级 60dB(A)，夜间 50dB(A)。

(2) 土壤监测方案

① 监测点位：1个。

② 监测频率：1次/年。

土壤监测方案如表 2-41 所列。

表 2-41 土壤监测方案

监测点位置		监测符号	监测项目	监测周期、频率	监测方法
土壤	综合处理车间污水调节池湿式厌氧罐	1-1#	六价铬、总汞、总镉、总砷、总铅、总镍、总铜	采1天，每天采1次样。1次/年	《土壤环境质量　建设用地土壤污染风险管控标准(试行)》(GB 36600—2018)

2-170 问：生物能源运行过程中对大气环境、水环境、声环境、土壤环境有哪些影响？

答：(1) 环境空气影响

① 区域环境影响：项目 SO_2、NO_x、NO_2、CO 污染物的最大贡献浓度、叠加背景浓度值均能够满足《环境空气质量标准》(GB 3095—2012) 二级标准要求，H_2S 的最大贡献浓度和与背景叠加浓度值也能满足《工业企业设计卫生标准》(TJ 36—79) 中“居住区有害物质最高容许浓度”限值要求。项目实施后，各污染物的最大落地浓度均位于基地边界内或边界附近，最大落地浓度点附近区域无现状或规划环境敏感目标分布。

② 厂界浓度：项目排放的 H_2S、NH_3 和 CH_4S 厂界浓度均能满足《上海市恶臭（异味）污染物排放标准》(DB 31/1025—2016) 中周界监控点恶臭（异味）特征污染物浓度限值的工业区标准限值。

③ 对周边敏感点影响：项目评价范围内无环境敏感目标分布。预测结果表明，项目和叠加在建源后对西侧和西北侧最近敏感目标附近区域的 H_2S 和 NH_3 最大小时贡献浓度均能够满足《工业企业设计卫生标准》（TJ 36—79）中“居住区有害物质最高容许浓度”限值要求。正常运行情况下，对西侧和西北侧最近敏感目标附近区域的 H_2S 和 NH_3 的小时贡献浓度均低于其嗅阈值浓度值，不会对周边敏感目标产生恶臭污染影响。

（2）地表水环境影响

工程主要依托基地内现有市政污水管网及渗沥液输送，在项目厂区内污水管道及连接管道建设完成的前提下，项目污水纳管排放可行。因项目所产生的各类废水不会直接排入周边水体，因而不会对周边地表水环境产生影响。

（3）噪声环境影响

项目运行期间，未采取降噪措施前，项目各厂界昼间均符合《工业企业厂界环境噪声排放标准》（GB 12348—2008）2 类标准要求，夜间南、东厂界出现超标现象，主要为项目沼气净化区、消防泵房和除臭系统的风机和泵的噪声影响导致。在采取降噪措施后，各厂界昼夜间噪声均符合《工业企业厂界环境噪声排放标准》（GB 12348—2008）2 类标准。

（4）固废环境影响

项目各类废物分类储存，一般工业固废储存场所按照《一般工业固体废物贮存、处置场污染控制标准》（GB 18599—2001）及 2013 年修改单，危险废物暂存间按照《危险废物贮存污染控制》（GB 18597—2001）及 2013 年标准修改单进行设计建造，且 100%得到安全处置。

项目固体废物在运输处置过程，运输车辆均根据相关要求采取密闭处理，以防止固体废弃物散落泄漏带来的环境影响。同时处置原则为就近处理：处置项目固废场所（再生能源中心二期）均离项目较近，可以避免固废长距离运输引起的泄漏环境事故风险。

项目采取以上措施后，能确保固体废物得到合理处置，不会对周边环境造成影响，固体废物污染防治控制对策切实可行。

（5）地下水环境影响

项目所在区域地下水不敏感，开发利用程度低，项目采取严格高标准的防渗措施，正常情况下，不会发生含渗沥液的污废水泄漏。在非正常工况下，废水调节池等出现破损，污废水发生泄漏事故，对地下水的影响也基本可控。在建立完善的地下水监测系统、强化地下水应急防范措施的基础上，项目污废水泄漏对地下水的影响将进一步减弱。

2-171 问：生物能源的环保及污染防治措施有哪些？

答：(1) 恶臭气体处理措施

项目对于各个臭气源所采取的除臭工艺见表2-42。

表2-42 项目各臭气产生单元收集及处理方式

车间名称	前端除臭	收集方式	末端除臭
综合预处理车间	离子氧送风＋植物液喷淋雾化(卸料大厅)	车间负压控制,机械排风＋设备密封局部排风	化学洗涤＋生物滤池＋活性炭吸附
固液分离车间	—	车间负压控制,机械排风	化学洗涤＋生物滤池＋活性炭吸附
污水调节池、干式沼液池	—	水池或罐体密封局部排风	
脱水机房	植物液喷淋雾化	车间负压控制,机械排风	
沼渣干化车间	离子氧送风＋植物液喷淋雾化	车间负压控制,机械排风	

(2) 燃烧废气处理措施

项目蒸汽锅炉燃烧废气产生的主要污染物为SO_2、NO_x、烟尘，对于锅炉燃烧系统拟采用低氮燃烧器来降低NO_x的排放量。

控制NO_x排放量的主要措施为使用低氮燃烧技术，主要有空气分级燃烧、燃料分级燃烧技术、烟气再循环、低过剩空气燃烧（LEA)、煤粉浓淡燃烧以及不同型式的低氮燃烧器。低氮燃烧技术具有技术成熟、投资和运行费用少、NO_x减排效果较为明显，且适用于老机组的改造等优点。采用不同低氮燃烧技术的措施，NO_x排放量的减排率不同，但减排率均高于45%；在其他的研究中，低氮燃烧法控制NO_x的排放量其减排率可达到45%。

对于发电机组废气，项目采用SCR（选择性催化还原）脱硝技术，还原剂为尿素。SCR为成熟的脱硝工艺，利用还原剂（尿素）在金属催化剂作用下，选择性地与NO_x反应生成N_2和H_2O。根据《火电厂烟气脱硫工程技术规范选择性催化还原法》(HJ 562—2010)，在催化剂最大装入量情况下，设计脱硝效率不低于80%。

(3) 废水处理措施

脱水沼液、干化冷凝水、脱硫废液、除臭洗涤废液以及初期雨水经厂内调节池均质后输送至综合填埋场二期配套渗沥液工程（拟建）处理，项目调节池出水经处理达到《污水综合排放标准》(GB 8978—1996）三级标准和《污水排入城镇下水道水质标准》(GB/T 31962—2015）表1中B级标准后纳入上海白龙港城市污水处理厂或上海海滨污水处理有限公司。

项目其他废水水质可以满足《污水综合排放标准》(GB 8978—1996)三级标准和《污水排入城镇下水道水质标准》(GB/T 31962—2015)表1中B级标准，废水送至上海海滨污水处理有限公司进一步处理，上海海滨污水处理有限公司均有能力接纳项目废水，在项目厂区市政污水管网建设齐全的条件下，项目污水纳管排放可行。

(4) 噪声污染防治措施

项目采取的主要降噪措施如下。

① 生产设备基本设置在室内，采用建筑隔声、基础减振等方式降噪。

② 室外设备，进行合理布局，高噪声设备尽量远离厂界，且对各类泵采用软连接及设备底座减振，对各类泵和风机均设置单独的隔声罩，降噪量≥20dB(A)。

③ 蒸汽锅炉、余热锅炉风机排口噪声采用消声器，降噪量≥25dB(A)。

根据《噪声环境影响评价噪声控制实用技术》，加隔声罩的目的在于降低机壳所辐射的机械噪声及电动机噪声，普通隔声罩可获得15～25dB(A)的降噪效果；减振则有利于降低水泵振动引起的固体声，而且是为了防止管道振动引起的空气声和固体声。减振包括三个方面：一是水泵机组做减振基础，由钢筋混凝土基座与隔振器或橡胶隔振垫组成；二是水泵与进出口管道间加可曲绕接头；三是管道支架使用弹性支架，不与墙、楼板等构件做刚性连接。

(5) 固体废物防治措施

项目一般固体废物采取的处置方式主要为外送老港再生能源中心、外售处置和委托原厂回收。

实验室产生的实验废物(危险代码为HW49：900-047-49)，设备维修产生的废机油及包装桶(危险代码为HW08：900-249-08)和SCR脱硝产生的废催化剂(危险代码为HW50：772-007-50)，均委托有资质的单位处理，不会对环境产生二次污染。厨余垃圾、废弃油脂直接送至预处理车间进行处置，员工产生的生活垃圾由环卫部门定期清运。各类废物100%得到安全处置。

项目采取以上措施后，能确保固体废物得到合理处置，不会对周边环境造成影响，固体废物污染防治控制对策切实可行。

(6) 地下水污染防治措施

针对项目可能发生的地下水污染，地下水污染防治措施按照“源头控制、分区防护、污染监控、应急响应”相结合的原则，从污染物的产生、入渗、扩散、应急响应全方位进行控制。

2-172 问：生物能源环境管理要求、环境管理台账记录要求各是什么？

答：环境管理与环境管理台账记录要求如表2-43所列。

表 2-43　环境管理与环境管理台账记录要求

类别	记录内容	记录频次	记录形式	其他信息
基本信息	1. 企业名称、生产经营场所地址、行业类别、法定代表人、统一社会信用代码、产品名称、生产工艺、生产规模、环保投资、环境影响评价审批意见及排污许可证编号等 2. 生产设施基本信息：主要技术参数及设计值等 3. 污染防治设施基本信息：主要技术参数及设计值；对于防渗漏、防泄漏等污染防治措施，还应记录落实情况及问题整改情况等	对于未发生变动的基本信息，每年一次；对于发生变化的基本信息，再发生变化时记录1次	电子台账+纸质	台账保存期不得少于5年
监测记录信息	1. 有组织废气：有组织废气污染物排放情况手工监测信息应记录采样日期、样品数量、采样方法、采样人姓名等采样信息，并记录排放口编码、工况烟气量、排口温度、污染因子、许可排放浓度限值、监测浓度、测定方法以及是否超标等信息。若监测结果超标，应说明超标原因 2. 无组织废气：无组织废气污染物排放情况手工监测应记录采样日期、无组织采样点位数量、各点位样品数量、采样方法、采样人姓名等采样信息 3. 废水污染物排放情况：手工监测记录信息应记录采样日期、样品数量、采样方法、采样人姓名等采样信息，并记录排放口编码、废水类型、水温、出口流量、污染因子、出口浓度、许可排放浓度限值、测定方法以及是否超标。若监测结果超标，应说明超标原因 4. 自动监测运维记录：包括自动监测系统运行状况、系统辅助设备运行状况、系统校准、校验工作等；仪器说明书及相关标准规范中规定的其他检查项目等	监测数据的记录频次与本标准规定的废气、废水监测频次一致	电子台账+纸质	台账保存期限不得少于5年
其他环境管理信息	1. 排污单位在特殊时段应记录管理要求、执行情况(包括特殊时段生产设施运行管理信息和污染防治设施运行管理信息)。排污单位还应根据环境管理要求和排污单位自行监测内容需求，自行增补记录 2. 特殊时段环境管理信息具体管理要求及其执行情况 3. 固体废物收集处置信息具体管理要求及其执行情况 4. 其他信息法律法规、标准规范确定的其他信息，排污单位自主记录的环境管理信息	重污染天气应对期间等特殊时段的台账记录频次原则上与正常生产记录频次一致，涉及特殊时段停产的排污单位或生产工序，该期间原则上仅对起始和结束当天进行1次记录	电子台账+纸质	台账保存期不得少于5年

续表

类别	记录内容	记录频次	记录形式	其他信息
生产设施运行管理信息	记录内容包括：主要生产单元或公用单元名称、生产设施、累计生产时间、主要产品等	1. 正常工况：每日记录 2. 非正常工况：每次记录	电子台账+纸质	台账保存期不得少于5年
污染防治设施运行管理信息	1. 正常情况：记录是否正常运行和药剂添加情况 2. 异常情况：起止时间、污染物排放浓度、异常原因、应对措施、是否报告等 3. 锅炉有组织废气治理设施包括开始时间、结束时间、是否正常运行；烟气排放情况（标态烟气量、排放口污染物浓度实测值、总排口污染物浓度折算值）；副产物名称及产生量；主要药剂情况（名称、添加时间、添加量）等	1. 正常工况：每日记录 2. 非正常工况：每次记录	电子台账+纸质	台账保存期不得少于5年
污染防治设施运行管理信息	污染防治设施运行管理信息（正常情况）：运行情况（是否正常运行；治理效率、副产物产生量等），主要药剂添加情况[添加（更换）时间、添加量等]等	运行情况1次/周，主要药剂添加情况1次/周或批次	电子台账+纸质	台账保存期不得少于5年
污染防治设施运行管理信息	污染防治设施运行管理信息（异常情况）：起止时间、污染物排放浓度、异常原因、应对措施、是否报告等	1次/异常情况期	电子台账+纸质	台账保存期不得少于5年
监测记录信息	监测记录信息：对手工监测记录、自动监测运行维护记录、信息报告、应急报告内容的要求进行台账记录。监测质量控制根据《固定污染源监测质量保证》（HJ/T 373—2007）、《排污单位自行监测技术指南　总则》（HJ/T 819—2017）要求执行，同时记录监测时的生产工况，系统校准、校验工作等必检项目和记录，以及仪器说明书及相关标准，规范中规定的手工监测应记录手工监测的日期、时间、污染物排放口和监测点位、监测内容、监测方法、监测频次、手工监测仪器及型号、采样方法及个数、监测结果、是否超标等	按照HJ 819—2017及各行业自行监测技术指南规定执行	电子台账+纸质	台账保存期不得少于5年

2-173 问：生物能源固体废物排放有关信息有哪些？

答：生物能源固体废物排放有关信息如表 2-44、表 2-45 所列。

表 2-44 生物能源固体废物排放信息

序号	固体废物来源	固体废物名称	固体废物种类	固体废物类别	固体废物描述	固体废物产生量/(t/a)	处理方式	处理去向						其他信息
								自行贮存量/(t/a)	自行利用/(t/a)	自行处置/(t/a)	转移量/(t/a)		排放量/(t/a)	
											委托利用量	委托处置量		
1	预处理车间	杂质	其他固体废物(含半液态、液态废物)	一般工业固体废物	固体	86889	委托处置	0	0	0	0	86889	0	委托老港再生能源利用中心处置
2	预处理车间	金属	其他固体废物(含半液态、液态废物)	一般工业固体废物	固态	99	委托利用	0	0	0	99	0	0	外售处置
3	沼渣脱水系统	脱水沼渣	其他固体废物(含半液态、液态废物)	一般工业固体废物	半固态	36234	委托处置	0	0	0	0	36234	0	委托老港再生能源利用中心处置
4	沼渣干化系统	干化沼渣	其他固体废物(含半液态、液态废物)	一般工业固体废物	固态	10791	委托处置	0	0	0	0	10791	0	委托老港再生能源利用中心处置
5	沼气净化利用系统	废脱硫剂	其他固体废物(含半液态、液态废物)	一般工业固体废物	固态	30	委托处置	0	0	0	0	30	0	委托老港再生能源利用中心处置
6	厂区	废包装袋	其他固体废物(含半液态、液态废物)	一般工业固体废物	固态	0.5	委托处置	0	0	0	0	0.5	0	委托老港再生能源利用中心处置
7	锅炉房	废树脂	其他固体废物(含半液态、液态废物)	一般工业固体废物	固态	2	委托处置	0	0	0	0	2	0	单位为 m^3，委托老港再生能源利用中心处置
8	除臭系统	废活性炭	其他固体废物(含半液态、液态废物)	一般工业固体废物	固态	70	委托处置	0	0	0	0	70	0	委托老港再生能源利用中心处置

续表

序号	固体废物来源	固体废物名称	固体废物种类	固体废物类别	固体废物描述	固体废物产生量/(t/a)	处理方式	处理去向						其他信息
								自行贮存量/(t/a)	自行利用/(t/a)	自行处置/(t/a)	转移量/(t/a)		排放量/(t/a)	
											委托利用量	委托处置量		
9	沼气净化利用系统	废环保球填料	其他固体废物(含半液态、液态废物)	一般工业固体废物	固态	40/5年	委托处置	0	0	0	0	40/5年	0	单位为m^3,委托有资质单位处置
10	发电机尾气脱销系统	废催化剂	危险废物	危险废物	772-007-50	1	委托处置	0	0	0	0	1	0	单位为m^3,委托有资质单位处置
11	沼气发电系统	废机油	危险废物	危险废物	900-249-08	4	委托处置	0	0	0	0	4	0	委托有资质单位处置
12	沼气发电系统	废机油桶	危险废物	危险废物	900-041-49	0.2	委托处置	0	0	0	0	0.2	0	委托有资质单位处置
13	沼气发电系统	废含油抹布	危险废物	危险废物	900-041-49	0.1	委托处置	0	0	0	0	0.1	0	混入生活垃圾,根据《国家危险废物名录》可豁免,按照生活垃圾处置

表 2-45　生物能源固体废物委托利用、处置信息

序号	固体废物来源	固体废物名称	固体废物类别	委托单位名称	危险废物利用和处置单位 危险废物经营许可证编号
1	预处理车间	杂质	一般工业固体废物	老港再生能源利用中心	
2	预处理车间	金属	一般工业固体废物	老港再生能源利用中心	
3	沼渣脱水系统	脱水沼渣	一般工业固体废物	老港再生能源利用中心	
4	沼渣脱水系统	干化沼渣	一般工业固体废物	老港再生能源利用中心	
5	沼气净化利用系统	废脱硫剂	一般工业固体废物	老港再生能源利用中心	
6	厂区	废包装袋	一般工业固体废物	老港再生能源利用中心	
7	锅炉房	废树脂	一般工业固体废物	老港再生能源利用中心	
8	除臭系统	废活性炭	一般工业固体废物	老港再生能源利用中心	
9	预处理车间	砂石	一般工业固体废物	老港再生能源利用中心	
10	发电机尾气脱销系统	废催化剂	危险废物	—	—
11	沼气发电系统	废机油	危险废物	—	—
12	沼气发电系统	废机油桶	危险废物	—	—
13	实验室	实验废物	危险废物	—	—

2-174 问：生物能源执法（守法）报告及信息公开的要求是什么？

答：根据《排污许可管理办法（试行）》及《排污许可管理条例》，排污单位自行监测、执行报告及环境保护主管部门监管执法信息应当在全国排污许可证管理信息平台上记载，并按照规定在全国排污许可证管理信息平台上公开。

（1）执行（守法）报告

排污单位应当按照排污许可证规定的关于执行报告内容和频次的要求，编制排污许可证执行报告。排污许可证执行报告包括年度执行报告、季度执行报告和月执行报告。

季度执行报告和月执行报告至少应当包括以下内容：

① 根据自行监测结果说明污染物实际排放浓度和排放量及达标判定分析；

② 排污单位超标排放或者污染防治设施异常情况的说明。

年度执行报告如表 2-46 所列。

表 2-46 执行（守法）报告信息表

上报频次	主要内容	上报截止时间	其他信息
年报	在全国排污许可证管理信息平台填报：排污单位基本情况、污染防治设施运行情况、自行监测执行情况、环境管理台账执行情况、实际排放情况及合规判定分析、结论等	每年 1 月 31 日	排污单位应当每年上报一次排污许可证年度执行报告，于次年一月底前提交至排污许可证核发机关。对于持证时间超过三个月的年度，报告周期为当年全年（自然年）；对于持证时间不足三个月的年度，当年可不提交年度执行报告，排污许可证执行情况纳入下一年度执行报告。如有其他紧急需要上报的信息，企业应配合环保部门完成上报。其他报告要求按照《排污许可管理办法（试行）》执行

（2）信息公开

排污单位应当每年在全国排污许可证管理信息平台上填报、提交排污许可证年度执行报告并公开，如表 2-47 所列。

表 2-47 信息公开表

公开方式	时间节点	公开内容	其他信息
国家排污许可信息公开系统	企业提交执行报告之后	年度执行报告中相关内容	1. 按照强制公开和自愿公开相结合的原则，及时、如实地公开其环境信息 2. 应当建立健全本单位环境信息公开制度，指定机构负责本单位环境信息公开日常工作 3. 涉及国家秘密、商业秘密或者个人隐私的，依法可以不公开；法律、法规另有规定的，从其规定
全国污染源监测信息管理与共享平台(https://wryjc.cnemc.cn/)	—	自行监测方案及监测数据	—

2-175 问：生物能源各排放口标识应如何设置？

答：(1) 废气排放口

废气排放口设置如表 2-48 所列。

表 2-48 废气排放口设置

管理内容	具体要求	依据出处
采样平台	应设置采样平台，采样平台应有足够的工作面积使工作人员安全、方便地操作。平台面积应不小于 $1.5m^2$，并设有 1.1m 高的护栏和不低于 10cm 的脚部挡板，采样平台的承重应不小于 $200kg/m^2$，采样孔距平台面约为 1.2～1.3m	《排污口规范化整治技术要求(试行)》(原国家环保局环监[1996]470 号)
采样位置与采样孔	采样位置应优先选择在垂直管段，应避开烟道弯头和断面急剧变化的部位。采样位置应设置在距弯头、阀门、变径管下游方向不小于 6 倍直径，和距上述部件上游方向不小于 3 倍直径处。对于矩形烟道，其当量直径 $D=2AB/(A+B)$。式中，A 和 B 为边长	《固定源废气监测技术规范》(HJ/T 397—2007)
	采样孔和采样点其他要求：执行《固定源废气监测技术规范》(HJ/T 397—2007)章节 5.1.3～章节 5.2.2 具体要求	

(2) 废水排放口

废水排放口设置如表 2-49 所示。

表 2-49 废水排放口设置

管理内容	具体要求	依据出处
计量槽	污水排放口需修建满足采样和安装流量计的建筑物，一般修建满足采样测流的窨井或 10m 左右的平直明渠	《上海市污水排放口设置技术规范(试行)(2006 年)》

(3) 排放口立牌

排放口立牌设置如表 2-50 所列。

表 2-50　排放口立牌设置

管理内容	具体要求	依据出处
排放口立牌	排污单位应在废气/废水排放口设立符合《上海市生态环境局关于印发上海市固定污染源排放口标识牌信息化建设技术要求(试行)》第 4 节～第 8 节规定的标识牌	《上海市生态环境局关于印发上海市固定污染源排放口标识牌信息化建设技术要求(2019 版)的通知》[沪环评(2019)208 号]

(4) 生物能源排放口设置

① 废气排放口：DA001（除臭系统废气）；DA002（内燃机废气 1）；DA003（内燃机废气 2）；DA004（蒸汽锅炉废气 1）；DA005（蒸汽锅炉废气 2）；

生物能源废气排放口标牌如图 2-11 所示。

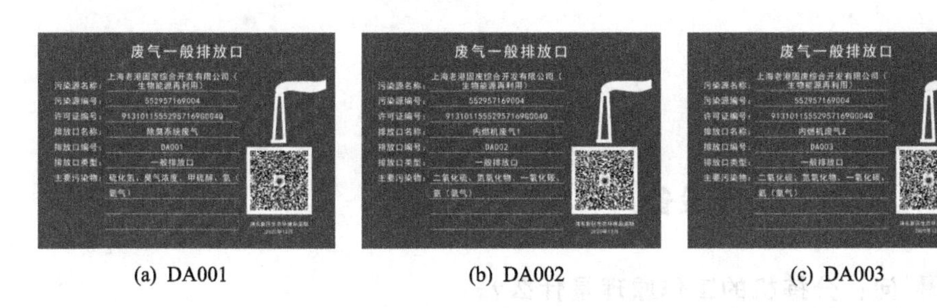

(a) DA001　　(b) DA002　　(c) DA003

图 2-11　生物能源废气排放口标牌

② 废水及雨水排放口：DW001（排入渗沥液厂二期）；DW002（纳入市政污水管网）；DW003（雨水）。

生物能源废水及雨水排放口标牌如图 2-12 所示。

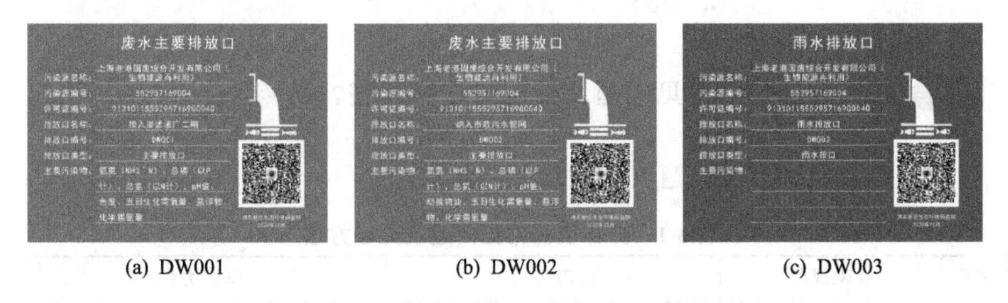

(a) DW001　　(b) DW002　　(c) DW003

图 2-12　生物能源废水及雨水排放口标牌

第3章 设备构成与维修保养

3.1 主要设备

3.1.1 预处理单元设备

3-176 问：分拣机的工作原理是什么？

答：餐饮物料进入分拣机后，通过液压驱动主轴摆动，并结合筛网实现有机物料和杂物的有效分离；分离后小于 60mm 的有机物料输送至下一工序继续处理，大于 60mm 的大块物料被筛网板筛出后由出渣螺旋输送机输送至出渣间外运处理。分拣机内部结构见图 3-1。

3-177 问：分拣机的常见问题及处理方法有哪些？

答：分拣机的常见问题及处理方法见表 3-1。

表 3-1 分拣机的常见问题及处理方法

序号	故障现象	原因分析	排除方法
1	筛板内积料太多	螺旋输送机进料速度太快	降低螺旋输送机进料速度
		摆轴摆动速度太慢	1. 提高摆轴摆动速度 2. 清理或更换油泵进油过滤网

续表

序号	故障现象	原因分析	排除方法
2	进料螺旋轴两端轴承磨损	轴承加油不及时、或有防护圈破损，砂粒进入轴承内	定期检查并加油或更换防护圈和轴承
3	摆杆三角块与筛板间隙偏大	摆杆三角块(或筛板)磨损	加摆轴轴承座，调整垫块
4	链条与链轮有松动现象	链条拉长，变松动	调整动力机座架螺栓，调整链轮中心距
5	连杆传动噪声异常	偏心紧固销轴一端螺母松动	紧固螺母并加止锁垫圈
		轴承加油不及时导致磨损	更换轴承并加油
6	油泵运行时振动、噪声大	油泵、电机联轴器安装不同心	调整联轴器同心度
		油泵叶片或柱塞磨损	更换油泵

图 3-1 分拣机内部结构

3-178 问：分拣机主要包括哪些维修保养内容？

答：① 筛板、摆杆清理检查：当分拣机内垃圾处理完后，拉动插销打开出料口侧门板，用水枪冲洗摆杆、筛板及箱体内侧残留物，如摆杆上因挂料物（如塑料袋、布袋、绳索等）较多且难清理，需用铁钩子清理干净。

② 链轮、链条传动及润滑（摆轴、轴承座）检查。

③ 传动链条的紧松度检查，链轮、链条润滑状况检查。

④ 减速器、连杆和摆腿检查：减速器油位检查，检查连杆两端销轴紧固螺母是否松动，摆腿螺栓是否松动。

3-179 问：精分机的工作原理是什么？

答：物料经进料螺旋输送机进到破碎精分机，物料一边随着滚筒的转动向前移动，一边在甩刀组件的作用下，餐厨垃圾中的有机物料被高速旋转的锤片打碎，通过旋转的滚筒筛网孔分离出来；餐厨垃圾中的一些纤维类、塑料质的软性物料以及一些硬质的碎玻璃、碎瓷片、贝壳、骨头等难以被打碎的物料，在主轴高速旋转的离心力以及滚筒筛操板的作用下，尺寸大于 20mm 网孔的筛上物继续沿滚筒前进，从滚筒的另一端排出，滚筒筛网分离出来的尺寸小于 20mm 的物料再进入制浆机进行粉碎制浆。精分机内部结构如图 3-2 所示。

图 3-2 精分机内部结构

3-180 问：精分制浆系统出现异常时，应采取哪些紧急措施？

答：① 当机器出口出现涌料或内置制浆机运行电流较大时，要及时调整设备的进料量。

② 破碎精分机或内置制浆机运行时如果发生异常情况，如机内出现异常

声响，首先应立即关掉进料螺旋输送机，后关破碎精分机、内置制浆机，待机器完全停下来，才允许检查，检查维修前在控制柜上挂警示牌。

3-181 问：精分机振动剧烈一般是哪几种原因造成？

答：① 进入精分机内的物料不均匀；

② 精分机内部积料；

③ 精分机出料、出渣口堵塞；

④ 精分机主轴承损坏。

⑤ 刀片和刀轴磨损。

3-182 问：精分机主要包括哪些维修保养内容？

答：① 破碎精分机甩刀是易损部件，应每月检查一次。检查时打开外罩上的快开手柄，向上拉抬破碎精分机外罩手柄，通过筛网观察甩刀情况，如发现甩刀打断应立即更换。更换时应先切断电源，拆掉主轴皮带轮上的皮带，挂警示牌，拆除一块筛网板，从孔中进入滚筒内部更换。

② 每半年检查一次滚圈的磨损情况。如发现滚圈磨损过多，应调节托轮支架上的调节螺钉，使滚筒位置保持原先的高度，如发现滚圈单边磨损量超过10mm，应立即更换滚圈，两个滚圈同时更换。

③ 定期检查主轴传动处皮带的松紧程度。如发现皮带过松，应调整电动机的位置，用手指压皮带，压下去1cm，就表明皮带松紧刚好合适，拧紧电机的安装螺栓。如发现皮带经常打滑或紧了以后还是打滑，或有破损的情况，应及时更换新的皮带，多根同时更换。

④ 定期检查齿轮间的啮合情况。如发现齿轮过度磨损，导致啮合有间隙过大或弯歪，应调整电机的位置，使齿轮间啮合正常。

3-183 问：制浆机电流偏小和偏大分别是什么原因产生的？其应对措施是什么？

答：制浆机电流偏小主要是前端砂水分离器内浆料溢流不畅，导致进制浆机物料太少，应对措施是逐步稀释砂水分离器内浆料使浆料最终能均匀平缓进入制浆机。

制浆机电流偏大主要是砂水分离器内浆料瞬间进入制浆机量太大，应对措施是暂停接料分选系统，使进入制浆机的砂水分离器内浆液逐步减少，直至电流下降至正常水平。

3-184 问：制浆机锤片的更换方法是什么？

答：① 在确保所有运动部件已停止转动后切断所有电源；

② 打开操作门；

③ 松开并放下压筛架，抽出筛板；

④ 打开上机壳两侧的活瓣，使销轴能抽出；

⑤ 旋松销轴上锁紧隔圈的开口销，逐渐抽出销轴，取下锤片和隔圈；

⑥ 按粉碎和锤片排列要求装上销轴、锤片、隔圈和锁紧隔圈；

⑦ 装完八组锤片后按打开的反程序装上筛板，关上并锁紧操作门。

3-185 问：除杂分离机的工作原理是什么？

答：除杂分离机的电机转速通过变频器控制逐步提高，在联轴器的带动下，使螺旋轴以一定的速度旋转，产生离心力，以实现分离及螺旋卸料功能。机器转速稳定后悬浮液由高位槽、流量调节阀、进料管进入分离机的筛网内，在强大的离心力场作用下，密度大的固相粒子被甩在沉降壁上，并很快沉积到筛网的内壁上，经螺旋的推动，沉渣不断地被推向一端，从出渣口经固相收集罩壳排出。分离后的滤液由出水口排出，再汇集至滤液收集池中。在整个分离过程中悬浮液不断输入，分离的液相、滤网排出的沉渣不断排出，由此实现连续自动分离。除杂分离机的结构见图 3-3。

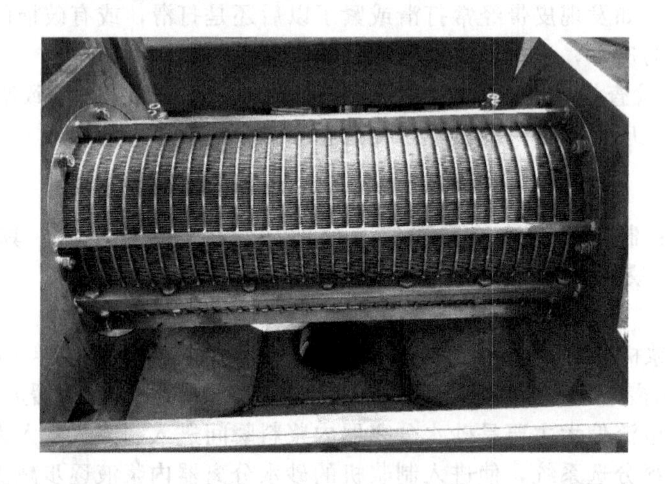

图 3-3　除杂分离机的结构

3-186 问：除杂分离机主要包括哪些日常维护内容？

答：除杂分离机的日常维护内容见表3-2。

表 3-2 除杂分离机的日常维护内容

序号	故障现象	可能发生的原因	排除方法
1	电机无法启动	电机进线无电源	检查进线 UVW 端子是否供电正常
		变频器启动异常	检查变频器的工作状态，是否有异常报警
		电机损坏	检修或更换电机
		变频器设定升速时间太短	重新设定升速时间
		变频器损坏	检查或更换变频器
		筛网与螺旋堵料	消除筛网和螺旋内的积料
2	两主轴承温度太高	轴承加油量太多	可停加油脂1～2d，低速或中速运行一段时间
		油路不通	疏通油路，重新更换油脂
		轴承损坏	更换轴承
3	载运行时两主轴承振动剧烈	筛网与螺旋内积料（未清洗干净）	反复用清水冲洗干净
		筛网或螺旋部件内有零件松动	停机检修
		主轴承损坏	更换轴承
		主机或电机底角螺栓松动	拧紧松动螺栓
		进料管与分离机刚性连接	按要求使用柔性连接
		维修装配时筛网刻线未对准错位或螺旋严重损坏	重新对准刻线，修补螺旋总平衡校正
		转鼓动平衡破坏	复校转鼓的动平衡
4	空车电流过高（大于30A）	电压过低	电压低于365V
		主轴承损坏	停机检查，更换损坏件
		旋转件与机壳碰擦	停机检查，排除故障
		筛网与螺旋内积料	消除筛网和螺旋内的积料
5	进料时机器振动剧烈	进料不均匀有冲击	均匀进料，减少脉冲式的进料
		螺旋磨损严重或筛网内有积料	排除积料，如螺旋严重磨损修补螺旋，并做动平衡校正（同空车）
		出液管道太细，不通顺，造成罩壳内积液与转鼓发生搅拌摩擦	加粗出液管道，疏通管道减少出液背压
		主轴承损坏	停机更换轴承

续表

序号	故障现象	可能发生的原因	排除方法
6	工作电流超过67.9A	进料量太大或进料不均匀，有冲击	立即关闭进料阀
		出料管道太细或不通顺	加粗出液管道，疏通管道减少出液背压
7	加料后不出固相沉渣	浓度太低或进料量太小，固相没很好充满转鼓与螺旋间隙	通常10min内不出料属正常现象
		进料管道堵塞	疏通管道
		主机转向相反	按规定转向旋转
		物料固相太细或物料固相太粗	提高分宜因数或加大差转速，或重新作工艺参数调整
8	出渣含水率高	电机转速未达指定要求	电机调到指定转速
		叶片磨损严重，造成间隙过大	更换主轴叶片

3-187 问：除杂分离机的常见问题及处理方法有哪些？

答：① 除杂分离机需有专门的操作人员及维护人员。

② 操作人员应每班检查，记录机器的流量、主轴承座的振动、轴承温度、工作电流、电压等数据。

③ 在工作过程中，如遇电流突然升高时应立即关闭进料阀，打开清洗阀清洗螺旋至工作电流恢复正常后卧螺才能继续进料，反之则说明除杂分离机已有故障，需查明原因排出故障后方能再次开机。

④ 每次停机前应将筛网与螺旋内的沉渣冲洗干净，以免筛网与螺旋内因积料而引起下次启动时机器的振动加剧。

3-188 问：卧式离心机的工作原理是什么？

答：离心机由两个转子组成，一个是转鼓，另一个转子是螺旋。转鼓高速旋转时，转鼓内浆料随转鼓一同旋转，并受离心力作用，此离心力比重力大许多倍，这样固体颗粒就会从液体中分离出来，从离心机转鼓轴心，沉降到转鼓内壁上，位于转鼓内的螺旋卸料器以低于转鼓的转速转动并将沉积的固体颗粒推到出渣口，外转鼓与螺旋卸料器的差转速取决于差速器的传动比及其转速。二相密度不同的清液形成同心圆柱，较轻的液相处于内层，较重的液相处于外层，分别通过轻重相出口排出。图 3-4 为卧式离心机结构。

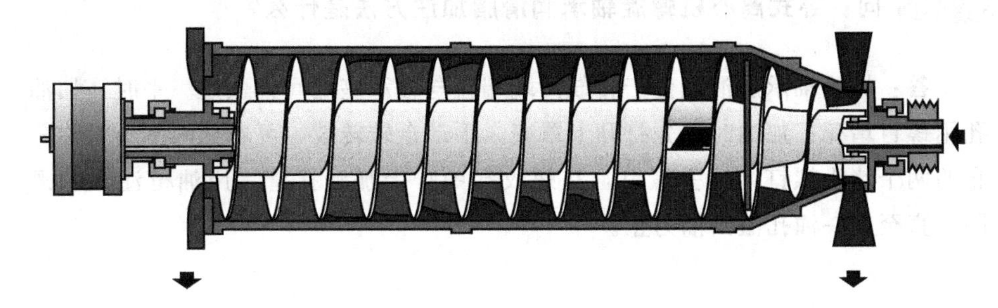

图 3-4 卧式离心机结构

3-189 问：卧式离心机主要包括哪些日常维护内容？

答：① 按要求定期、定部位对离心机进行润滑维护。

② 每周检查一次软管是否老化，通过玻璃观察窗检查机械状况。

③ 每周检查一次离心机的各个紧固件和防护装置。

④ 每月检查一次三角带的张力情况。

⑤ 每月检查一次轴承毂、转鼓圈以及其他大外径的转鼓件等应力部位。

⑥ 每季度检查和更换一次磨损和失效的零部件。

⑦ 每季度检查一次固体出料口、转鼓内壳、螺旋输料器叶片、螺旋输料器分配器的磨损情况。

⑧ 每半年定期检查一次离心机部件的腐蚀情况。

3-190 问：卧式离心机长期停车维护注意事项有哪些？

答：① 停机前对设备进行彻底的清洗以避免腐蚀。

② 用毛刷和适当的碱性溶液对转鼓和螺旋输料器进行彻底的清洗。

③ 通过位于离心机底部的排放孔清洗固体物料排放器并从顶部清洗孔排放。

④ 用润滑脂涂满转鼓轴承。

⑤ 支撑转鼓，使转鼓轴承上无负载。

⑥ 至少每半月转动转鼓一次。

3-191 问：卧式离心机螺旋轴承润滑脂加注方法是什么？

答：螺旋轴承加油孔位于转鼓两端端盖与轴承座之间轴颈处。平时，加油孔用螺钉堵死；加油时，先打开上罩壳，手动盘转转鼓，可看见两端各对称分布的两个堵头螺钉，拆去螺钉，在螺纹孔中拧上加油接管，用油枪注入润滑脂，直至另一油孔溢出油为止。

3-192 问：卧式离心机的常见问题及处理方法有哪些？

答：卧式离心机的常见问题及处理方法见表3-3。

表3-3 卧式离心机的常见问题及处理方法

故障现象	故障可能原因	处理方法
电机无法启动	电机进线无电源	检查进线UVW端子是否供电正常
	变频器启动异常	检查变频器的工作状态，是否有异常报警
主轴承过热温升过高	轴承加油量不合适（油量过大或过少）	调整加油量
	轴承配合过紧	修刮轴承座配合
	轴承损坏	更换轴承
空车时振动很大	转鼓与螺旋内堵料	清除沉积物
	差速器连接法兰松动	测量差速器同心度更换零件
	维修装配时转鼓刻线未对准破坏动平衡精度	重新对准刻线
	主轴承或螺旋支承损坏	更换轴承
	进出管道与本机刚性连接	改用软性连接
	螺旋严重损坏	送回制造厂修复螺旋
空车电流过大	电压偏低	电压不低于360V
	皮带太紧	适当调松
	差速器或主轴承损坏	检查更换
	回转件与机壳碰擦	停机排除
加料时运转震动加剧	进料不均或有冲击	均匀进料减少脉冲
	螺旋严重磨损	停机检查
	副电机不工作；使转鼓与螺旋同步而造成堵料	检查副电机；清除沉积物调整
	出液管道太细背压太大造成罩壳内积液与转鼓发生搅拌摩擦	加粗管道或加管道泵减小背压

续表

故障现象	故障可能原因	处理方法
澄清液分离不清	进料量或含固量发生变化	1. 减少进料量 2. 提高差转速 3. 提高转鼓速度
	黏度太大	1. 提高进料温度 2. 稀释进料
出渣中断	由于固体的沉积使螺旋阻塞	停止进料，加水冲洗，直至出渣
	固体含量太高	增加液池深度，提高差转速
	螺旋磨损	维修或更换
固体排渣正常，轻相中含有大量重相	转鼓盖上的重相输出口堵塞	停止进料并冲洗离心机，没有改变则停机清理

3-193 问：碟片离心机的工作原理是什么？

答：被分离的物料输入转鼓内部，在强大的离心力场作用下，物料经过一组碟片束的分离间隔，以碟片中性孔为分界面，密度较大的液体（重相）沿碟片外壁向中性孔外运动，其中重渣积聚在沉渣区，重相则流向大向心泵处。密度较小的液体（轻相）沿碟片内壁向中性孔内运动，汇聚至小向心泵处。轻重相分别由小向心泵和大向心泵输出。

3-194 问：碟片离心机分离效果不好的可能原因有哪些？

答：① 离心机分离温度过低；

② 离心机处理量过大；

③ 离心机转鼓内积渣太多；

④ 离心机转鼓失速。

3-195 问：碟式离心机的常见问题及处理方法有哪些？

答：碟式离心机的常见问题及处理方法见表3-4。

表 3-4 碟式离心机常见问题及处理方法

故障现象	产生原因	排除方法
转鼓达不到额定转速或启动时间过长（转速指示＜63r/min）	制动手柄未松开	按下刹车手柄
	液力耦合器内油太少	添加耦合器油
	机器内部有机械碰擦	检查机器的安装情况
	大螺旋齿轮打滑	拧紧大螺旋齿轮锁紧螺钉
启动过快（启动时间不足 4min），启动电流太高（大于 65A）	液力耦合器内油太多	检查液力耦合器内油位，适当减少耦合器油
操作中转鼓失速	液力耦合器漏油	检查液力耦合器是否漏油
	电机减速	检查电源电压和电机
	频繁排渣	等电流恢复正常才能进行手动排渣
分离机运转不平稳	转鼓部分装配是否正确	检查转鼓装配情况，重新装配转鼓
	立轴轴承精度下降	更换立轴轴承
	立轴的上、下弹簧损坏	更换一套弹簧
	大小螺旋齿轮磨损过大或损坏	停机检查齿轮箱，更换齿轮和润滑油
	转鼓内物料堵塞	进行几次部分排渣
	转鼓内零件磨损影响动平衡精度	经专业人员检查后进行重新平衡校验

3-196 问：粗破碎机刀轴的运行方向是怎样的？

答：正常启动时先反转，然后停下来，最后正转。如果启动方向与上述不符，那么需要改变电源进线的相序，更改方法就是将三根电机线中的任意两根对调。

3-197 问：粗破碎机内出现不可破碎物如何处理？

答：① 出现不可破碎物时，应立即停机检查，若为布团类物料时，可进行反转、正转机器逐步把布团物料破碎；若为坚硬物料，必须马上清理出来，并对刀片进行检查。

② 需要人员进入破碎仓内时，必须按下急停开关并断开电源开关，且现场必须有人员进行监护。

③ 禁止进入仓内时复位急停开关启动设备。

3-198 问：粗破碎机声音异响的可能原因有哪些？

答：① 误投了金属进料斗；
② 轴承损坏；
③ 动力分配箱的齿轮磨损；
④ 动刀碰到定刀板；
⑤ 某部件松动，发生摩擦或干涉，发出异响。

3-199 问：碟形筛手动释放电机制动器的方法是什么？

答：① 找出手动制动释放杆，这个操纵杆附在每个电机制动器的侧面；
② 将释放杆拧入电机制动器；
③ 拉动释放杆（朝着电机的“风扇端”方向），手动释放电机制动器；
④ 在将制动释放杆向后拉的期间，电机驱动轴就可以转动；
⑤ 任务完成后，将上述步骤倒过来做，释放电机制动器。

3-200 问：碟形筛主要包括哪些日常维护内容？

答：① 清理碟形筛各转轴间的淤积渣物；
② 检查各主轴轴承的润滑状况；
③ 检查传动链条油罐润滑油是否足量。

3-201 问：步进式给料机的常见问题及处理方法有哪些？

答：步进式给料机常见问题和处理方法见表 3-5。

表 3-5 步进式给料机常见问题和处理方法

故障现象	产生原因	排除方法
液压缸不能动作	系统调定压力过低	重新调整压力，直至达到要求值
	液压油未进入油缸	检查液压泵及液压阀的故障并排除
	液压缸装配不良	重新装配和安装液压缸
	内部液压油泄漏严重	紧固活塞与活塞杆并更换密封件

续表

故障现象	产生原因	排除方法
液压油飙出油管	液压油管爆裂	更换新的液压油管
速度达不到要求值	密封件破损严重	更换密封件
	液压油油温过高	检查原因并排除
	进料量过大	适当减小进料量
	液压泵吸入空气	活塞在全行程情况下运动多次，把空气排出
	液压缸内部形成负压，从外部吸入空气	用油脂封住结合面和接头处，直至吸空情况有好转后再把紧固螺钉和接头拧紧

3-202 问：有机质分离机停机及停机后有哪些必要的检查项？

答：① 检查筛网是否破损，各连接是否紧固完好；

② 检查锤片磨损及连接紧固状况；

③ 清理筛网、主轴及锤片上的缠绕渣物。

3-203 问：有机质分离机的常见问题及处理方法有哪些？

答：有机质分离机常见问题及处理方法见表3-6。

表3-6 有机质分离机常见问题及处理方法

故障现象	可能发生的原因	排除方法
设备或电机无法启动，不能调速	电源断电	检查电源供电情况
	电源成单相或两相	检查保险丝
	电机损坏	检修或更换电机
	变频器损坏	检修或更换变频器
	变频器设定升速时间太短	重新设定合理升速时间
	堵料	消除积料
轴承温度太高	轴承无润滑	加油脂润滑
	轴承加油量过多	减少油脂
	油路不通	清洗油路
	轴承损坏	更换轴承

续表

故障现象	可能发生的原因	排除方法
轴承振动剧烈	内部积料	反复用清水冲洗干净
	轴承座螺栓松动	拧紧松动螺栓
	轴承损坏	更换轴承
	电机螺栓松动	拧紧松动螺栓
	皮带盘松动	紧固皮带盘
	主轴动平衡破坏	复校动平衡
机器振动剧烈	进料不均匀	连续进料，减少脉冲式进料
	内部积料	反复用清水冲洗干净
	出料、出渣口堵塞	清理堵塞
	主轴承损坏	更换主轴承
有金属摩擦异响	滚筒与机壳擦碰	检查间隙、重新调整
	设备内部有金属物或硬物	清除金属物或硬物
	轴承损坏	更换轴承
	托轮磨损	更换托轮
空车电流过高，大于55A	电压过低	电压不得低于365V
	主轴承损坏	更换主轴承
	滚筒与机壳擦碰	检查间隙、重新调整
	内部积料	反复用清水冲洗干净

3.1.2 厌氧单元设备

3-204 问：厌氧循环泵冷却水经常与污水混流的原因是什么？

答：循环泵机封损坏后，冷却水与循环泵介质（污水）混合，由于冷却水压力偏小，循环介质压力偏大，循环介质（污水）溶入冷却水中。

3-205 问：湿式厌氧罐如何进行清罐？

答：湿式厌氧罐运行到一定年限，需要进行清罐工作，清洗湿式厌氧罐步骤如下。

① 凡是进入作业现场人员必须经安全部门培训。

② 进入施工现场必须正确佩戴安全防护用品：安全帽、呼吸器、连体防护服。

③ 施工使用的电源必须是双层防护电缆线。

④ 搭设架子必须牢固、有防倾倒装置，施工平台保持平整通畅。

⑤ 作业前对厌氧罐进行排空，然后进行注水，直到有水从排气门溢出，尽可能地置换厌氧罐内产生可燃气体物质，消除可燃气体，并接风机进行通风。

⑥ 现场配置一定量的灭火器。

⑦ 关闭与相邻设施的阀门。

⑧ 对作业现场进行有害气体检测，合格后许可施工。

⑨ 作业现场配备好救急药品，防止意外受伤处理。

⑩ 进行清洁、切割、焊接作业时，必须有专人监护，并手持消防水管，随时进行冲洗，降低可燃气体含量。

⑪ 施工前与污水站值班人员沟通，得到污水处理站人员的许可方可施工，同样，污水站值班人员要跟踪施工情况，做好配合工作。

⑫ 正式作业前办理动火工作票、危险作业申请单。

⑬ 每天重新开工前重复以上安全措施。

3-206 问：干式厌氧罐搅拌轴运行异常的可能原因及处理方法是什么？

答： ① 可能原因：物料含水率低，搅拌轴运行过载。处理方法：检测含水率，降低新进物料含固率。

② 可能原因：主轴轴承故障，搅拌轴运行卡顿过载。处理方法：更换轴承。

③ 可能原因：减速机齿轮磨损，主轴卡顿或者不转动。处理方法：更换减速箱。

④ 可能原因：联轴器故障，减速机运转，轴不转。处理方法：更换联轴器。

⑤ 可能原因：电机故障，搅拌轴无法启动。处理方法：检测电机是否正常。

3-207 **问：干式厌氧罐进出料柱塞泵工作异常的可能原因及处理方法是什么？**

答： ① 可能原因：管道物料堵塞。处理方法：清理物料。

② 可能原因：闸阀动作异常。处理方法：确认闸阀关闭开启是否正常。

③ 可能原因：液压管路故障。处理方法：检查液压管线路。

④ 可能原因：油压不稳，柱塞泵活塞杆不动作。处理方法：检查滤芯，油泵、溢流阀等。

3.1.3 沼渣脱水与干化单元设备

3-208 **问：湿式厌氧脱水离心机的常见问题及处理方法有哪些？**

答： 湿式厌氧脱水离心机的常见问题及处理方法见表3-7。

表3-7 湿式厌氧脱水离心机的常见问题及处理方法

常见故障	原因分析	处理方法
启动困难	离心机启动电流大，时间长，造成电气开关保护性动作	适当调整时间继电器(35s左右)
	转鼓内存留物多，螺旋受限	加清水冲洗并配合手动盘出
空车电流高	三角皮带及皮带轮(尤其是主皮带轮)有油而打滑，引起摩擦能量消耗(这时差速器主皮带轮及副皮带轮发烫)	清除油垢
	差速器故障(一般因缺油引起)而引起电流升高，这时差速器外壳，副皮带轮及输入油发烫	更换配件，更换润滑油，检查外壳密封情况
排料中含水量高	进料量过多	减少进料量
	液层深度太深	调整液层深度
	分离因素不够	提高离心机转速

3-209 **问：干式厌氧脱水单元设备的常见问题及处理方法有哪些？**

答： 干式厌氧脱水单元设备的常见问题及处理方法见表3-8。

表 3-8 干式厌氧脱水单元设备的常见问题及处理方法

故障问题	原因分析	处理方法
离心机出渣含水率偏高	进料量过多	减少进料量
	液层深度太深	调整液层深度
	分离因素不够	提高离心机转速
振动脱水机运行电流偏大	地脚螺栓松动(螺栓松动,设备开启时振动偏大,导致电流偏大)	紧固螺栓
	轴承缺油或损坏	清洗轴承加注润滑脂或更换轴承
	偏心块调节过小也会导致电流过大	调节偏心块
挤压脱水机出渣含水率异常	出料含水率过高或过低	可调整调速电机转速,调整出料口挡板间隙,均匀上料
	不出料或者不排水(筛网堵塞或损坏)	清洗筛网或更换筛网

3-210 问：造粒机的工作原理是什么？

答：造粒机是由多层辊轴结构叠加组成的，每层都有数个相邻的辊轴旋转挤压湿污泥，经过蒸汽加热至高温的辊轴在将污泥挤压剪切至小块的过程中会蒸发污泥的表层水分，加速其定型后落入下一层辊轴再次挤压定型，如此经过多次重复以后就能得到粒径合适的污泥颗粒了。

3-211 问：干化机的工作原理是什么？

答：干化机是由多层干燥盘叠加组成的，每层干燥盘上都有数个拨片不停旋转着拨动污泥颗粒，让其缓慢移动至下一层干燥盘。所有干燥盘内部通过蒸汽加热至较高温度，再通过热传导逐步蒸发污泥中的水分，通过对温度及拨片转动速度的控制就可以有效控制污泥在干燥机中的干化效果。

3-212 问：污泥干化设备的常见问题及处理方法有哪些？

答：污泥干化设备的常见问题及处理方法见表 3-9。

表 3-9 污泥干化设备的常见问题及处理方法

故障问题	原因分析	处理方法
设备出料含水率异常	供热不足	调整蒸汽使达到工作要求
	风量风速减低	调整风量风速
设备出现滑料现象	物料含水率过高	调整物料含水率
设备温度异常	供气不稳定	检查蒸汽管压力，调整压力

3.1.4 沼气利用单元设备

3-213 问：冷干机在脱硫工艺中的作用是什么？

答：冷干机，顾名思义，是通过降低温度来降低脱硫后沼气中水分含量，通过冷媒氟里昂，降低冷却液的温度，从而使沼气中的水分冷凝，除去大量水分。

3-214 问：冷干机无法制冷的原因是什么？

答：① 冷媒缺少，导致制冷效果差。

② 散热片散热效果不佳，导致压缩机温度无法有效降低，进而影响制冷效果。

③ 压缩机故障，导致无法制冷。

④ 冷却水泵故障，导致无法制冷。

3-215 问：冷干机在运行过程中出现高压报警、指针摆动的原因是什么？

答：① 冷凝器脏、堵，冷却效果不好，冷凝器上风机不运行或风扇通风不好。

② 负载过高，空气进口温度、流量高于铭牌上的要求。

③ 蒸发器中氟过热。

3-216 问：为什么要对生物脱硫塔进行周期性清洗？

答：生物菌脱除 H_2S 的过程中，会产生少量单质硫，伴随着营养液的循环喷淋，这部分单质硫会缓慢堆积在填料层下半部分不易喷淋到的位置，日积月累后会逐步堵塞填料层内的气流空隙，最终导致沼气流通受阻，影响脱硫塔处理能力，而定期清洗可以有效去除这部分单质硫。

3-217 问：如何确认干法脱硫的介质是否需要更换？

答：首先确认干法脱硫后的 H_2S 含量是否满足运行需求，如果不满足，通知现场人员透过观察窗查看填料有无色泽暗沉发黑的现象（新填料呈现橙黄色颗粒状），如果从各处观察口都观察到明显的发黑现象，则准备更换填料。

3-218 问：如要更换气柜内膜或外膜、底膜，其流程及注意事项是什么？

答：更换气柜膜材时，需要先完成该气柜的内膜放气工作，再利用 N_2 完成残余沼气的吹扫，确认吹扫完成后关闭支撑风机，拆除气柜地脚螺栓，解除固定。等待固定螺栓全部拆卸完毕后，拆除连接在气柜外膜上的支撑风机连接风管和超声波物位计的数据电源线，待外膜放气完毕平铺在地面上后，利用吊车逐步吊装外膜、内膜及底膜，完成替换工作后再逐步组装起来即可。

3-219 问：生物能源锅炉给水除氧器的组成结构是什么？

答：生物能源再利用中心（一期）采用的是热力式除氧器，通过加热给水至一定的沸腾温度，让水中溶解的气体散逸出来，可以将水中的气体溶解率下降至接近 0。

3-220 问：锅炉的常见问题及处理方法有哪些？

答：锅炉的常见问题及处理方法见表 3-10。

表 3-10 锅炉的常见问题及处理方法

故障状态	原因	处理方法
锅炉控制红灯不亮，燃烧器无任何操作迹象	无电源供应至炉头	1. 检查电源保险丝，电线，电掣等 2. 电源是否接驳到阻燃器接线箱的正确位置 3. 检查控制器与接线箱的接触是否不良

续表

故障状态	原因	处理方法
通电源后，燃烧器马达转动，吹风程序过后，无烟雾自喷嘴喷出，稍后燃烧器停止所有操作，亮起故障红灯	油箱缺油	向油箱输油
	油管内有空气	按排气程序排管内空气
	电磁阀线圈短路	换新品
	油泵损坏	拆装或更换新品
	接驳马达至油泵之联轴器折断，油泵轴不能随马达旋转	换新品
	控制器或电眼损坏	拆修或换新品
锅炉超压	负荷突然降低	停燃烧器，以手动开启排气阀，降低炉内压力
	安全阀失灵	更换安全阀
锅内缺水	给水阀门开度不够	将给水阀门开大，进行调整
	给水压力低	提高给水压力
锅炉熄火	燃气压力突然升高引起脱火	调整燃气压力
	电磁阀误动作使燃气供应间	更换电磁阀
	燃气成分变化太大，含湿量过高	检查燃气
	鼓风机、引风机发生故障，负荷过低、炉膛负压过大、漏风过多、风量过大等，使得炉膛温度太低，也可以造成锅炉熄火	检查各风机是否正常
燃烧器马达不能启动	过载脱扣	检查给定值
	接触器有故障	更换
	阻燃器马达有故障	更换
喷嘴雾化不均匀	旋流盘松动	拆卸喷嘴，上紧旋流盘
	孔板部分堵塞	拆下，清洗
	滤器堵塞	拆下，清洗
	磨损	更换
	喷嘴堵塞	拆下清洗
	喷嘴关闭机构有故障	更换
带电眼的燃烧器对火焰无反应	电眼被遮黑	清洗电眼
	温度过高，以过载损失	更换
燃烧头被油弄污或严重积炭	给定值不正确	修正
	燃烧空气量不对	重新调整燃烧器

续表

故障状态	原因	处理方法
锅炉电磁阀不关或电磁阀关不紧	线圈有故障	更换线圈
	阀座是有异物	拆开阀门清除外物
锅炉油预热器的燃烧器不能起动	放油恒温器没打开	增加油温，调整恒温器螺钉
	放油恒温器有故障	更换
	放油恒温器松动	紧固
	放油恒温器的温度范围不正确	更换
	加热器元件故障	更换加热器
点火后又熄火	电眼脏或者损坏	清洗或者更换新品
	油嘴脏或者损坏	擦净或更换新品
	风门太小被闷熄	调整风门大一点再试

3-221 问：生物能源沼气发电机发电原理及组成结构各是什么？

答：本工程配置 2 台额定发电功率 1500kW 的内燃发电机，出口电压 10kV，机组布置于厂房内。沼气经预处理后进入燃气内燃机，燃气内燃机利用四冲程，涡轮增压、中间冷却、高压点火、稀释燃烧的技术，将沼气的化学能转换成机械能。沼气与空气进入混合器后，通过涡轮增压器增压，冷却器冷却后进入气缸，通过火花塞高压点火，燃烧膨胀推动活塞做功，带动曲轴转动，通过发电机输出电能。

整套发电系统主要包括两台沼气内燃机、两台发电机、两套控制柜及相关附属设备。发电原理是利用沼气燃烧产生的能量推动内燃机运转，再带动发电机进行发电。

3-222 问：沼气发电机组常见问题及处理方法有哪些？

答：① 盘车转速不够。检查启动气压及启动马达，调整启动气压力，使盘车的转速上升至正常速度。

② 点火模块无输出。检查点火模块电源指示灯，检查进出模块的线束插口。检查动力缸点火线的回路接地情况。紧固线路或更换点火模块。

③ 火花塞不点火。清洁火花塞及点火线圈，保证其干燥并接触良好。

④ 点火正时不对。用正时灯检查点火正时，通过调整点火模块的旋钮，恢复到正确位置

⑤ 空气量不够。检查空气滤清器的进出压差，如果超标，需更换滤芯。检查空气管路漏失情况。检查涡轮增压器转子运行情况。

⑥ 调速器不工作。调速器不动作的原因是混合器蝶阀开度不够，调整或更换。

3-223 **问：沼气发电机组冷却系统、润滑系统检查内容各是什么？**

答：① 水压检查：检查冷却水压大于1.0MPa，小于0.8MPa就需要给冷却系统补充冷却液，一般补到压力1.5MPa，观察缸套水温度控制在82～94℃，超过95℃机组就会报警，这时需检查冷却风机、散热器、水泵电机等排除报警原因。

② 油压检查：正常运转油压保持在0.35～0.40MPa，油压过高导致油封，油管受压渗漏，过低会使发动扣润滑不良，造成异常磨损、拉缸等。

③ 油位检查：每天检查油位在视窗中间位置。缺少及时开启储油箱阀门补充至中间位置，然后及时关闭储油箱阀门。

④ 定期检测润滑油黏度、pH值、含水率，必要时更换机油机滤。保养周期在2000h。

3-224 **问：火花塞电压升高的原因及处理方法是什么？**

答：① 火花塞损坏，需更换火花塞；

② 火电压突然增大，一般是预燃室气阀或者点火线圈故障，建议更换。

3-225 **问：沼气发电机润滑油送检的目的是什么？**

答：通过对润滑油内微量金属元素的检测结果确认内燃机内部零部件的磨损状态；通过对润滑油含水率的检测确认是否有水分进入润滑系统；通过对润滑油的定期检测保障机组运行过程中的润滑效果，提高机组运行稳定性及使用寿命。

3-226 **问：影响沼气发电机功率的外界因素有哪些？**

答：通常有外界气温因素、沼气供应稳定性等。

3.1.5 环保设备

3-227 **问：排风系统风机主要包括哪些日常维护内容？**

答：① 为了确保风机的正常运转，使其性能满足要求，必须有专业的工作人员对风机加强维护和保养。

② 根据使用的具体情况定期清理风机内部结晶物，特别是叶片处的积灰和污垢，并防止锈蚀。

③ 轴承箱内润滑油，除在维修时更换外，在正常情况下需六个月更换一次。

④ 运转中经常检查轴承温度是否正常，轴承温升应小于40℃。

⑤ 在风机的开车、停车或运转时，如发现有不正常情况，应立即进行检修。

⑥ 风机的维护必须在停车时进行，应确保人身安全。

⑦ 发现风机有不正常现象时应及时停机检修，待故障排除后再开启风机。

3-228 **问：植物液喷淋系统由哪些单元组成？**

答：植物液喷淋系统主要由一体化控制柜、管线、喷嘴等组成，其中一体化控制柜内集成了药剂稀释水箱、增压泵、PLC控制器等设备。

3-229 **问：新风系统维护有哪些注意事项？**

答：新风系统由于运行风量较大，滤网上比较容易堆积灰尘，因此在日常运行过程中需要加强对空气滤网的清理、清洗。此外，内部涡轮风扇的电机传动皮带在运行一段时间后也需要定期检查并调整松紧度。

3-230 **问：排风管道滴水的原因是什么？**

答：部分高浓度排风管直接连接在预处理生产线各设备上及浆液缓存池上，抽取的臭气中夹杂有大量水汽，这部分水汽在风管中冷凝后就会从风管连接口滴漏。当然，风管安装时缺少排水考虑也是其中一个原因。

3.2 辅助设备

3.2.1 输送设备

3-231 **问：螺旋输送机的年度维护包括哪些检查项？**

答：① 检查螺旋叶片的磨损程度，如果磨损达到原直径的30%，就需更换螺旋叶片。

② 检查所有螺栓是否松动，如有则紧固或更换。

③ 检查驱动轴轴承的完好情况。

④ 检查电控系统、紧急停止及保险装置的完好情况。

3-232 **问：螺旋输送机的运行检查注意事项有哪些？**

答：① 转动是否正常，有无异常声音。

② 工作中发现异常情况如剧烈振动，应采取紧急措施找出原因，设法消除，并及时记录异常状况和处理结果。

③ 电机轴承温度温升最高不能超过40℃。

④ 减速箱油位是否处于1/3～1/2处，有无漏油点。

3-233 **问：螺旋输送机主要包括哪些日常维护内容？**

答：① 打开隔舱底部闷盖检查隔舱内有无积垢并清理。

② 检查轴承的润滑状况。

③ 检查螺栓叶片磨损状况。

3-234 问：螺旋输送机螺旋轴停止旋转一般由哪几个原因造成？

答：①减速机输出轴处轴承温度高，输入轴处温度正常。这是因为螺旋轴中心线发生偏移或减速机输出轴处轴承烧毁，首、末端轴承座松动。需松开减速机输出轴与螺旋轴间的联轴器，重新校正安装。

②减速机输出轴处轴承温度正常，输入轴处温度高。这是由于电机固定组件发生松动或减速机输出轴处轴承烧毁，需松开减速机输入轴与电机间的联轴器，重新校正安装。

③减速机输出、输入轴承处温度高。这是由于减速机固定螺栓发生松动或减速机两端轴承烧毁，需将减速机两端联轴器均松开重新校正安装。

3-235 问：螺旋叶片如何进行更换？

答：①将U形槽上的防护盖卸去；

②卸下旧的螺旋体并取出；

③将新的螺旋体放入U形槽内；

④拧紧新螺旋法兰与驱动轴法兰的螺栓；

⑤将防护盖安装到位。

3-236 问：螺旋挤压机的工作原理是什么？

答：物料从进料口送入，由于螺旋挤压机单螺杆的螺距沿出料端逐渐缩小，直径却逐渐增大，所以空间内的原料就逐渐压缩，物料进入螺旋挤压机，沿着螺杆往出料端移动，体积也被逐渐压缩，汁液不断地从网孔中被挤出，物料到达出料口时受堵头的影响进一步被挤压，随着原料的不断被压缩，汁液不断地从外滤网和内滤网的筛孔中流出汇集到汁液斗中，并从出口法兰处流出；而榨饼则从出料口落下，经螺旋输送机进入下道工序。

3-237 问：螺旋挤压机包括哪些必要检查项？

答：①运转中检查加强网板是否变形、断裂，不锈钢滤网是否破裂损坏。如果破裂，则会造成大量的渣滓泄漏，榨汁中的含渣量大大增加，对后面的榨汁分离工作带来直接影响，所以一旦发现损坏现象，应及时修复或更换，以免影响压榨效果。

② 检查网体及内部的清洁状况，以免由于清洗不彻底而造成孔眼堵塞及积渣等问题。

③ 观察窗的密封采用橡胶密封条，当出现漏液现象时，应检查密封条是否已破损或老化，必要时可重新更换。

④ 检查补充并紧固全部螺母、螺栓等。

⑤ 检查传动三角带的张紧度。当三角带过松影响传动时，应及时收紧三角带。

3-238 问：皮带输送机的常见问题及处理方法有哪些？

答：皮带输送机的常见问题及处理方法见表3-11。

表3-11　皮带输送机的常见问题及处理方法

故障情况	原因分析	处理方法
皮带不转	皮带自然膨胀	调整皮带两边的张紧装置
	驱动滚筒不能带动皮带	检查驱动滚筒是否磨损，必要时更换
	电机不转	检查电机
皮带跑偏	驱动滚筒和从动滚筒不平行	调整滚筒位置
	滚筒轴承损坏	更换轴承

3-239 问：污泥刮板输送机常见问题及处理方法有哪些？

答：污泥刮板输送机常见问题及处理方法见表3-12。

表3-12　污泥刮板输送机常见问题及处理方法

故障情况	原因分析	处理方法
刮板链条跑偏	输送机安装不良，全机直线度偏差过大	检查安装质量并调整消除
	壳体可能变形	校正壳体
	尾轮调节行程不一致，尾轮偏斜	均匀调节
刮板链条拉断	有硬物落入机槽内卡住链条	清除杂物
	个别链节制造质量差	更换链节并检查试验
	链条磨损严重	更换链条

续表

故障情况	原因分析	处理方法
刮板链条拉断	满载启动或突然大量加料	人工排料后均匀加料
	链条上的卡圈脱落,使销轴脱出	检查并加固所有未装牢的卡圈
刮板弯扭或断裂	壳体不直,法兰或导轨错位	重新校正
	有硬物落入机槽	清除杂物
	刮板与链杆未焊透	更换链节
	刮板链条与头轮啮合不良	检查调整
运行中刮板链条突然冲击,发出声响	有硬物,铁件落入机槽	清除杂物
	某个链节转动不灵活	卸下销轴修理
头轮和刮板链条啮合不良	头轮轴偏斜	校正轴的水平并调整
	头轮安装不对中	校正头轮
	长期运行后链条节距增大	更换链条
浮链	链条张紧度不够	调整紧张装置
	物料在机壳底板上形成压结料层	进行清理,必要时增加加压轨

3-240 问：步进式给料机液压缸有外泄油的原因及处理方法是什么？

答：① 活塞杆处密封圈磨损；需更换密封圈。

② 活塞磨损或变形；需更换活塞杆。

③ 液压缸油管损坏或油管接头密封圈坏；需更换油管或更换油管密封圈。

3-241 问：餐饮线接料分拣系统设备常见问题及处理方法有哪些？

答：餐饮线接料分拣系统设备常见问题及处理方法见表 3-13。

表 3-13 餐饮线接料分拣系统设备常见问题及处理方法

故障情况	原因分析	处理办法
筛板内积料太多	输送机进料速度太快	降低输送机进料速度
	摆轴摆动速度太慢	提高摆轴摆动速度
进料螺旋轴轴承磨损	轴承加油不及时、或有砂粒进入轴承内	定期检查并加油或更换轴承
链条与链轮有松动现象	链条拉长变松动	调整动力机座架螺栓,调整链轮中心距

3-242 问：接料分选系统异常情况下的紧急应对措施是什么？

答：① 接料装置运行时发现物料卡堵，应立即停止进料并停机检查，检查接料斗内是否有大块杂物，并进行清理，清理后方可再次开机运行。

② 分拣机运行时出现异常声音，应立即停机，确认设备完全停下来，才允许开门检查。

3-243 问：接料分选系统开机后主要包括哪些检查内容？

答：① 冷却风温检查：液压系统油冷却器风温无异常温升状态。

② 液压系统检查：电机、油泵运行平稳、无异常噪声；叶片泵油压控制在14MPa左右；柱塞泵油压控制在17MPa左右；油温在20～55℃。

③ 进料螺旋输送机检查：液压马达、轴承座、螺旋片等转动件运行应平稳、无异常噪声。

④ 分拣机传动检查：摆轴、轴承座、连杆等转动件运行应平稳、无异常噪声，用手触摸各转动件轴承外壳无温升现象。

3.2.2 减速机

3-244 问：减速机每运行半年后应做哪些检查？

答：① 检查机油和机油液位；

② 检查运行噪声以辨识轴承是否有可能损坏；

③ 目视检查密封位置有无泄漏；

④ 对于带扭矩臂的减速装置，检查橡胶缓冲垫，在有必要时更换。

3-245 问：减速机润滑油的更换步骤是什么？

答：① 在放油塞下面放置一个容器；

② 拆下油位塞、透气塞/透气阀和放油塞；

③ 排出所有机油；

④ 拧入放油塞；

⑤ 通过通气孔注入新的机油；

⑥ 拧回油位塞；

⑦ 拧入透气塞。

3-246 问：减速机的常见问题及处理方法有哪些？

答：减速机的常见问题及处理方法见表3-14。

表3-14 减速机的常见问题及处理方法

故障现象	故障原因	处理方法
减速机传动异响，振动大	减速机安装轴与轴承或齿轮与齿轮之间间隙较大，造成磨损	调整并更换轴、轴承及齿轮
	减速机零部件损坏	拆机检查和更新
	链条传动时，链条过紧	调整链条松紧度
	传递轴两端轴承损坏或轴间隙偏大发生轴向窜动	调整更新
	减速机地脚螺栓松动及减速机连接螺栓松动	紧固螺栓，增加润滑油
	润滑油不良	更换润滑油
	减速机箱体掉入其他异物，齿轮损伤，有异物卡住	将异物取出并清洗减速机箱
减速机运行时过热	润滑油或润滑脂品质不佳	按厂方出厂说明书推荐润滑油或润滑脂牌号，并按要求加注
	润滑不良	按规定加注润滑油，保证润滑油泵正常工作和油路畅通
	转轴轴承损坏	更换轴承
减速机漏油	减速机与驱动或被驱动装置同轴精度低，造成油封及轴承磨损，从而形成漏油	安装调试时保证同轴度，对磨损油封更换骨架油封
	密封垫和O形密封圈损坏	更换密封垫和O形密封圈
	结合面螺栓松动	紧固螺栓
	润滑油品质差，含有杂质较多，加快油封磨损	放尽润滑油，尽可能用汽油清洗后更换品质高的润滑油和油封
	润滑油过多，运行中形成过高搅拌热，导致油通过油封渗漏	按厂方油标规定加油，切忌过多

3-247 **问：减速电机的电动机拆卸步骤是什么？**

答：① 使用吊具吊住减速电机吊环处，以防止电机拆除时跌落；
② 使用扳手松开机座拉杆的紧固螺栓；
③ 使用专用工具将电机和电机座从驱动滚筒轴上拆下；
④ 使用扳手将电机从电机座上拆下。

3.2.3 泵

3-248 **问：离心泵常见问题及处理方法有哪些？**

答：离心泵常见问题及处理方法见表3-15。

表3-15 离心泵常见问题及处理方法

故障现象	可能的原因	处理方法
无法启动	电机或电源不正常	检查电源和电机情况
	泵卡住	用手盘动联轴器检查，必要时解体检查，消除动静部分工作
	填料压得太紧	放松填料
振动和噪音大	地脚螺栓松动或底座焊接不合格	拧紧地脚螺栓，对底座焊接重新检查，如果必要，底座重新焊接
	泵发生流蚀（流量过大，吸入阻力增加或液体操作温度过高）	检查原因并排除
	泵发生喘振	检查排出液位和压力是否过高；检查泵的出水口液位高低；检查进水端法兰是否漏气；检查进水管压力是否过大，是否堵塞
	叶轮损坏或有异物	拆开泵体检查，更换、去除异物
轴承发热	轴承箱内油过少或太脏	加油或换油
	润滑油变质	换润滑油
	轴承冷却效果不好	检查调整
	转子不平衡或偏心	检查消除
	轴承损坏	更换轴承
电流大	转子与泵体摩擦	解体修理
密封泄漏	机械密封损坏或安装不当	检查更新
	封液压力不当	调整

续表

故障现象	可能的原因	处理方法
密封泄漏	泵轴与电机轴不同心	找正泵轴与电机位置
	轴弯曲或轴承磨损	更换
无流量	总扬程与泵额定扬程不符	换泵
	管路漏气	检查消除
	泵转向不对	调整转向
	吸入扬程过高或灌注高度不够	降低安装
	泵内或管路有气体	灌泵排气
经常跳闸	泵和原动机不对中	调整泵和原动机的对中性
	介质相对密度变大	改变操作工艺
	转动部分发生摩擦	修复摩擦部位
	装置阻力变低，使运行点偏向大流量处	检查吸入和排出管路压力与原来的变化情况，并加以调整
泵内温度过高	进料管或出液管堵塞	疏通管道
	叶轮旋转时和泵盖有摩擦	调整叶轮位置
流量突然增加或减少	转速不稳定	检查轴承是否有损害
	管路有空气	检查管路进口是否漏气

3-249 问：螺杆泵的常见问题及处理方法有哪些？

答：螺杆泵的常见问题及处理方法见表3-16。

表3-16 螺杆泵的常见问题及处理方法

故障现象	可能的原因	处理方法
扬程不够或不上量	电机反转	检查电机旋转方向
	管路内有空气，泵吸空	管路放气阀排气
	过滤网堵塞	清洗过滤网
	泵内有异物	拆解泵，取出异物，更换损坏的零件
	转子和定子磨损	更换转子和定子
密封泄漏严重	轴密封损坏	检查动环、静环、填料密封或O形圈的磨损情况，必要时更换
	泵齿轮箱或驱动装置内的轴承磨损	更换轴承，酌情更换机械密封

续表

故障现象	可能的原因	处理方法
振动和噪声大	转速过高	在介质流动性较差时降低转速，否则有气蚀危险
	抽吸高度过高	检查抽吸高度
	万向节间隙过大	检查联轴杆衬套的磨损情况，必要时更换
	吸入端连接泄漏	拧紧螺栓连接或更换密封件
	泵齿轮箱或驱动装置内的轴承磨损	更换轴承，酌情更换机械密封
流量下降	转速过低	调整转速
	泵中有异物	拆解泵，取出异物，更换损坏的零件
	输送介质中夹杂空气	设备排气
	吸入端连接泄漏	均匀调整填料压盖，更换磨损的密封环
	转子或定子磨损	更换转子或定子
泵体发热	转速错误	修正转速
	抱箍夹紧力大导致定子和转子之间夹紧力过大	降低箍紧装置的夹紧力
	压力过高	检查压力
	联轴器不对中	检查联轴器对中以及是否有磨损，必要时调整更换联轴器
	泵抽吸周围空气	均匀调整填料压盖，更换磨损的密封环

3-250 问：输送泵的运行检查注意事项有哪些？

答：① 检查轴承升温：轴承的最高温度不得高于75℃，轴承的温升不得高于50℃，检查水泵噪声与振动。

② 工作中发现异常情况如剧烈震动，应采取紧急措施找出原因，设法消除，并及时记录异常现象及处理结果。

③ 水泵运行中进行周期性检查，叶轮与密封环之间的间隙如磨损大，应更换叶轮和密封环。

④ 定期检查弹性联轴器是否连接正常。

3-251 **问：输送泵机械密封的更换步骤是什么？**

答：① 拆下轴承座；

② 取下叶轮和定位环；

③ 更换机械密封；

④ 按相反顺序重新安装。

3-252 **问：输送泵各部件的报废标准是什么？**

答：① 泵壳有严重损伤、裂纹，磨损深度超过5mm；

② 叶轮损伤或磨损严重；

③ 传动轴有毛刺、损伤、裂纹，最大弯曲度超过0.2mm；

④ 轴承有裂纹、夹渣、脱胎现象。

3-253 **问：输送泵机械密封如何维护？**

答：① 保证机械密封的润滑液应清洁、无固体颗粒；

② 严禁机械密封在干磨情况下运行；

③ 启动前应盘动泵几圈，以免突然启动造成密封环断裂损坏；

④ 定期检查弹性联轴器是否连接正常。

3-254 **问：输送泵联轴器如何找正？**

答：① 首先用百分表初步找正：用钢直尺依次放在联轴器外周的四个象限点（0°、90°、180°、270°），检查联轴器的偏差状况，通过在电机下垫薄片来调整电机，使之在人目测下，联轴器基本对中。

② 开始精调找正：将两个百分表座放稳，同时检查联轴器的轴向与径向偏差，保证两个百分表的触点处于正常的工作状态，接着通过在电机下垫薄垫片将联轴器找正到合格的偏差范围。

3-255 问：螺旋浓浆泵的拆卸顺序是什么？

答：① 拆下联轴器和保护罩及联轴器中间套；

② 拆下支撑脚的固定螺丝；

③ 松开泵体的轴承座连接，从泵体上拆出轴承座；

④ 松开叶轮螺栓，从叶轮盖上拉出叶轮；

⑤ 拆下叶轮盖板、泵盖、轴套；

⑥ 拉出泵端联轴器，拆下联轴器端轴承盖；

⑦ 拆下泵轴并用专用工具把滚动轴承从轴上拆下来；

⑧ 拆下泵端轴承盖；

⑨ 从悬架上拆下滚柱轴承。

3-256 问：如何判断柱塞泵的冷却水是否需要更换？

答：如果发现水箱中有杂物或絮状物，或用检查的仪器查到冰点不足，那么就应该更换柱塞泵的冷却水。

3-257 问：湿仓液压系统泵噪音高的故障原因及处理方法是什么？

答：湿仓液压系统泵噪声高的故障原因及处理方法见表 3-17。

表 3-17 湿仓液压系统泵噪声高的故障原因及处理方法

故障原因	处理方法
油中混有空气	紧固漏气接头，油箱补油到合适液面
联轴器未对正	找正并检查联轴器状态
泵磨损或损坏	更换泵

3-258 问：柱塞泵漏渣浆，应如何处理？

答：漏渣浆一般是由于密封圈磨损严重，单向阀门磨损或卡死，处理方法为更换密封圈，检修单向阀门。

3-259 问：清洗泵压力低于主动压力，应如何处理？

答：原因是柱塞泵压力低，单向阀门磨损，喷水环磨损，处理方法是检修洗泵，更换单向阀门，更换喷水环。

3-260 问：循环泵故障排除方法是什么？

答：（1）无法启动

首先应检查电源供电情况：接头连接是否牢靠；开关接触是否紧密；保险丝是否熔断；三相供电的是否缺相等。如有断路、接触不良、保险丝熔断、缺相，应查明原因并及时进行修复。

其次检查是否是水泵自身的机械故障，常见的原因有：填料太紧或叶轮与泵体之间被杂物卡住而堵塞；泵轴、轴承、减漏环锈住；泵轴严重弯曲等。

排除方法：放松填料，疏通引水槽；拆开泵体清除杂物、除锈；拆下泵轴校正或更换新的泵轴。

（2）水泵发热

原因：轴承损坏；滚动轴承或托架盖间隙过小；泵轴弯曲或两轴不同心；胶带太紧；缺油或油质不好；叶轮上的平衡孔堵塞，叶轮失去平衡，增大了向一边的推力。

排除方法：更换轴承；拆除后盖，在托架与轴承座之间加装垫片；调查泵轴或调整两轴的同心度；适当调松胶带紧度；加注干净的黄油，黄油占轴承内空隙的60%左右；清除平衡孔内的堵塞物。

（3）吸不上水

原因：泵体内有空气或进水管积气，或是底阀关闭不严灌引水不满、真空泵填料严重漏气，闸阀或拍门关闭不严。

排除方法：先把水压上来，再将泵体注满水，然后开机。同时检查逆止阀是否严密，管路、接头有无漏气现象，如发现漏气，拆卸后在接头处涂上润滑油或调和漆，并拧紧螺丝。检查水泵轴的油封环，如磨损严重应更换新件。管路漏水或漏气，可能安装时螺帽拧得不紧。若渗漏不严重，可在漏气或漏水的地方涂抹水泥，或涂用沥青油拌和的水泥浆。临时性的修理可涂些湿泥或软肥皂。若在接头处漏水，则可用扳手拧紧螺帽，如漏水严重则必须重新拆装，更换有裂纹的管子；降低扬程，将水泵的管口压入水下0.5m。

(4) 剧烈震动

主要有以下几个原因：电动转子不平衡；联轴器结合不良；轴承磨损弯曲；转动部分的零件松动、破裂；管路支架不牢等原因。

排除方法：可分别采取调整、修理、加固、校直、更换等办法处理。

3-261 问：潜水泵的检修方法是什么？

答：(1) 泵不能启动

原因：电源电压太低；电路某处断路；泵叶轮被异物卡住；电缆线断裂；电缆线压降过大，电缆线插头损坏；三相电缆线中有一相不通；电动机室绕组烧坏。

排除方法：调整电压到342～418V；查出断电原因，并排除；拆开导向件，清除杂物；按电缆规格表更换；改用较粗的电缆；更换新插头，检查开关出线头及电缆线；大修电动机。

(2) 泵启动后不出水，出水少或间歇出水

原因：电动机不能启动；管路堵塞；管路破裂；滤水网堵死；吸水口露出水面；电动机反转，泵壳密封环，叶轮损坏；扬程超过潜水泵扬程额定值过多；叶轮反转。

排除方法：排除电路故障；清除堵塞物；补焊或换管；清除堵塞物；重新安装；调换电源线接线位置；更换新件；更换高扬程泵；重新安装。

(3) 电动机不能启动并伴有异常声音

原因：其中一相断路；轴承抱轴；叶轮内有异物与泵体卡死。

排除方法：修复线路；修复或更换轴承；清除异物。

(4) 泵出水突然中断，电动机停转

原因：空气开关跳开或保险丝烧断，电源断电；定子绕组烧坏；叶轮卡死；湿式潜水泵电机内缺水；充油式湿式潜水泵电机内缺油。

排除方法：检查线路故障，电机绕组故障，并排除；检查断电原因，消除故障；修理定子绕组；消除杂物；修理电机。

(5) 电流过大，电流表指针摆动

原因：转子扫膛；轴与轴承相对转动不灵活；因止推轴承磨损严重，叶轮

与密封环相磨；轴弯曲，轴承不同心；动水位下降至进水口以下；叶轮淹没深度不够，吸入空气引起振动；叶轮压紧螺母松动。

排除方法：更换轴承；更换或修理轴承；更换止推轴承或推力盘；送厂修理；调整油门，降低流量或换井；电泵下移；紧固螺母。

3-262 问：炉补水泵故障的原因是什么？

答：① 泵不吸水，其压力表指针剧烈跳动，原因是注入水量不够或管接头漏气。因水泵有堵塞现象或密封环磨损造成水流量不足。因吸水管阻力大或吸水处有空气渗漏造成泵内声音异常，不出水。

② 电机电流过大，是因为填料压盖太紧，电机轴承损坏或供水量增大。水泵振动大，轴承过热，是因为泵与电机联轴器不同心或轴承缺油。

③ 泵轴断裂，是因为叶轮卡住或泵内零件松脱卡住。

④ 严重漏水，是因为压盖螺丝松动或填料损坏。

3-263 问：齿轮油泵不排油或排油量少的产生原因是什么？

答：① 吸入高度超过额定值；

② 吸入管道漏气；

③ 旋转方向不对；

④ 吸入管道堵塞或阀门关闭；

⑤ 液体温度低而黏度增大。

3-264 问：齿轮油泵的工作原理是什么？

答：齿轮油泵装有一对回转齿轮，一个主动，另一个被动，依靠两齿轮的相互啮合，把泵内的整个工作腔分吸腔和排出腔两个独立的部分；泵运转时主动齿轮带动被动齿轮旋转，当齿轮从啮合到脱开时在吸入侧就形成局部真空，液体被吸入；被吸入的液体充满齿轮的各个齿谷而带到排出侧，齿轮进入啮合时液体被挤出，形成高压液体并经泵的排出口排出泵外。

齿轮油泵的工作原理见图 3-5。

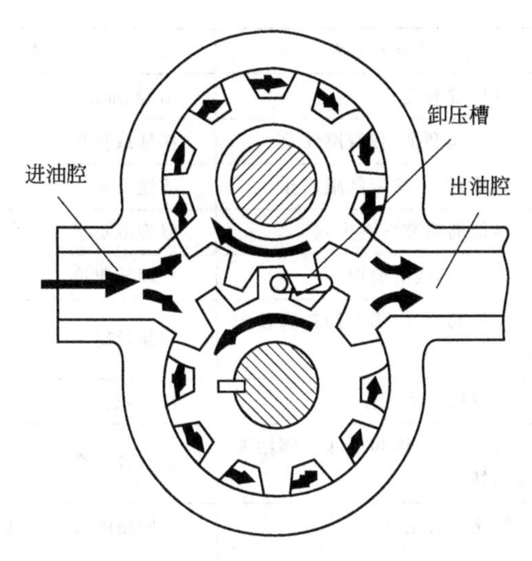

图 3-5 齿轮油泵的工作原理

3.2.4 液压系统

3-265 问：湿仓液压站的常见问题及处理方法有哪些？

答：湿仓液压站的故障及处理方法见表 3-18。

表 3-18 湿仓液压站的故障及处理方法

故障现象	可能的原因	处理方法
溢流阀噪声高	压力不稳定	调整压力
	主阀在工作时径向力不平衡，导致性能不稳定	检查阀体是否有磨损或黏附有污物
没有流量或流量不足	油管或过滤器堵塞	清除堵物，清洗过滤器或更换过滤器
	内部零件磨损或损坏	拆开泵检查，更换或修理内部零件
	压力分配阀故障不良	拆卸清洗，如损坏，更换或修理
	油黏度过高	更换液压油
	吸入油管漏气	检查管路
压力太低	溢流阀旁通阀损坏	修理或更换
	减压阀设定值太低	重新设定
	减压阀损坏	修理或更换
	泵、马达或缸损坏，内泄大	修理或更换

续表

故障现象	可能的原因	处理方法
压力不规则	油中混有空气	堵漏、加油、排气
	溢流阀磨损，弹簧刚性差	修理或更换
	油液污染，堵塞阀阻尼孔	清洗换油
	蓄能器或充气阀失效	修理或更换
	泵、马达或缸磨损	修理或更换
压力过高	减压阀、溢流阀或卸荷阀设定值不对	重新设定
	变量机构不工作	修理或更换
	减压阀，溢流阀或卸荷阀堵塞或损坏	清洗或更换
没有动作	回路中有空气	在回路的高出设气孔，将空气排净
	油缸、活塞和活塞杆密封老化	更换新的密封件
	流量控制阀或压力控制阀故障不良	检查不良原因，并进行检修

3-266 问：液压站风机故障原因是什么？

答：① 风扇线圈烧坏；

② 风扇叶片变形造成电机旋转困难。

3-267 问：液压站故障跳闸的原因和排除方法是什么？

答：液压站跳闸一般为过载跳闸，应检查液压油泵断路器开关是否闭合，检查电机和油泵是否卡死。

3-268 问：液压站液压油更换要求有哪些？

答：① 更换或补充的油液必须符合系统规定使用的油液牌号、清洁度指标。

② 更换油液时需将旧油液全部放光，并冲洗合格。

③ 新油液过滤后再注入油箱，过滤精度不得低于系统的过滤精度。

④ 加油液时，注意保持油桶口、油箱口、滤油机进出油管道清洁。

⑤ 油箱的油液量在系统（管道和元件）充满油液后应保持在规定液位范围内。

3-269 问：步进式给料机液压油泵的调压方法是什么？

答：油泵出口压力是通过电磁溢流阀来调压的，顺时针旋是升压，逆时针旋是降压。泵启动前应逆时针将压力调整螺钉缓慢往外旋 2～3 圈，电磁铁不带电。点动油泵电机，观察电机的转向与转向标志是否一致。如果转向一致，多次点动启动油泵，排净管中空气。启动油泵，观察 1～2min，观察油泵声音是否平稳。如果平稳无异常，用手顶住电磁铁的衔铁芯杆，顺时针缓慢调整泵的压力，调压时应缓慢，每隔 20bar(2MPa) 稍停 1min，然后再往上调，直到系统设定压力。调压时要仔细观察对应压力表压力值的变化，压力调好后将压力调整螺钉的锁紧螺母锁紧。

3.2.5 电气设备

3-270 问：电气设备巡检的主要内容有哪些？

答：① 高低压开关柜上的电流、电压指示仪表是否在允许的范围之内，指示是否异常；各开关指示信号是否与开关位置对应；设备运行中是否存在异响。

② 检测各继电保护装置是否动作，是否存在报警信息，开关是否处于正常状态。

③ 巡视变压器各相温度是否超出额定范围，冷却风扇是否在启动条件下正常运行，倾听变压器是否有异响。

④ 靠近配电柜、变压器、动力配电箱，是否听到有异常响声，闻到异常气味，关灯后观察是否有放电、起火等异常现象。

⑤ 查看无功补偿电容柜，注意各项三相电容电流是否平衡，熔丝是否断落，400V 母线电压是否过高。

⑥ 查看变频控制柜电流是否过负荷，电流是否稳定，有没有异常波动现象。

3-271 问：如何保障生物能源再利用中心的安全用电？

答：生物能源再利用中心使用两路高压进线，两路高压独立使用，又互为备用关系。正常用电时Ⅰ段高压负责Ⅰ段的低压设备，Ⅱ段高压负责Ⅱ段的低压设备，相互独立供电，各自承担相应部分的负荷。当其中一路出现故障时，另一路作为备用，从低压侧进行三锁两钥匙的切换，保障低压设备的供电。从而可靠保障生物能源再利用中心用电。

建立生物能源再利用中心的用电运行操作规范和配电间管理制度，明确电工岗位责任、倒闸操作规范、停送电组织及技术措施，建立应急预案。建立健全相关制度，明确人员职责。

3-272 问：配电间有什么要求？

答：① 配电间应采用外开式防火门，配电间内连接门应为双开式防火门。

② 门口应设置防鼠挡板，防止小动物进入配电间。

③ 高压配电间窗户应采用不可开启式窗户，且窗户前应设置防护铁丝网，防止意外导致窗户破碎。

④ 配电间内所有金属设备和设施均需接地。

⑤ 配电间电缆沟、电缆桥架等与外界连通处应进行防火封堵。

⑥ 配电间内需配备应急照明。

3-273 问：配电间内应配备的工器具有哪些？

答：挡鼠板、验电笔、绝缘毯、绝缘手套、绝缘靴、二氧化碳灭火器、接地线、安全标示牌。

3-274 问：如何合理调配发电机的运行模式？

答：发电机运行过程中应保证其稳定性、连续性，发电机运行过程中应尽量减少停机时间，集中处理发电机的问题。这样可以稳定处理前端产生的沼气，充分保证充足的发电量。

3-275 问：发电机运行中应关注哪些数据？

答： 发电机运行中需关注其运行时间、电压、瞬时电流、发电量、沼气使用量、点火电压、发电机转速、进气温度、冷却系统效率等指标，同时也要关注能耗。

主要包括以下数据：

① 发电机转子电流和电压值；

② 满负荷时进、出风温差与进、出水温差；

③ 发电机定子铁芯、定子绕组、转子升温；

④ 负载变化时的发电机各部分的温度值；

⑤ 轴承、轴瓦温度，润滑油油温。

3-276 问：发电机由哪些系统组成？

答： 发电机由进气系统、动力系统、润滑系统、冷却系统、消防系统、脱硝系统、辅助系统组成。

3-277 问：设备电机故障原因查找方法是什么？

答： 电机发生故障，无法运行时，首先排查电机是否损坏，电机三相绕组是否平衡，电机轴承是否卡死，负载是否有异物卡住。第二，检查控制回路，启动接点是否正常闭合，停止按钮是否处于闭合状态。第三，接触器三相进电是否正常，线圈是否烧毁，接触器触点是否松动，有没有完全吸合，输出电压是否正常。第四，热保护系统是否工作正常。

3-278 问：插板阀门故障原因及处理方法是什么？

答： ① 检查阀门卡槽是否有异物，有的话清理异物。

② 检查电机线路是否完好，不完好需更换线路。

③ 检查电机是否损坏，损坏后更换电机。

3-279 问：进水电磁阀故障排除方法是什么？

答：① 检查控制回路进电是否正常，保证输出电压与线圈适配电压相符合；

② 检查电磁阀阀体切换是否正常，正常手动切换时，阀体能自动换向；

③ 检查电磁阀线圈是否损坏，用万用表测量，如果断路说明线圈损坏。

3-280 问：继电保护有哪些？

答：① 按被保护对象分类，有输电线保护和主设备保护（如发电机、变压器、母线、电抗器、电容器等的保护）。

② 按保护功能分类，有短路故障保护和异常运行保护。前者又可分为主保护、后备保护和辅助保护；后者又可分为过负荷保护、失磁保护、失步保护、低频保护、非全相运行保护等。

③ 按保护装置进行比较和运算处理的信号量分类，有模拟式保护和数字式保护。一切机电型、整流型、晶体管型和集成电路型（运算放大器）保护装置，它们直接反映输入信号的连续模拟量，均属模拟式保护；采用微处理机和微型计算机的保护装置，它们反映的是将模拟量经采样和模/数转换后的离散数字量，这是数字式保护。

④ 按保护动作原理分类，有过电流保护、低电压保护、过电压保护、功率方向保护、距离保护、差动保护、纵联保护、瓦斯保护等。

3-281 问：接地系统采用什么系统？

答：① TN-C 系统：保护线 PE 和工作零线 N 合为一根 PEN 线，所有负载设备的外露可导电部分均与 PEN 线相连的一种形式（只使用于三相负载基本平衡情况）。

② TN-S 系统：TN-S 是一种把工作零线 N 和专用保护线 PE 严格分开的供电系统。TN-S 安全可靠，使用于工业与民用建筑等低压供电系统。

③ TN-C-S 系统：前端为 TN-C 系统，后端为 TN-S 系统。TN-C-S 系统在带独立变压器的生活小区中较普遍采用。

3-282 问：罗茨鼓风机主要包括哪些日常维护内容?

答：① 检查鼓风机有没有漏水或者漏油，及时地发现并解决。

② 检查鼓风机有没有剥落现象，而且要确保鼓风机里面不能结垢、生锈。

③ 检查鼓风机各个部位，不能让它有松动的迹象。

④ 注意润滑和冷却情况是否正常，并注意润滑油的质量、注意鼓风机在运行时有没有杂音，注意机组是否在不符合规定的工况下送风给空气净化器。

⑤ 新风机在投入使用时，也要及时清洗、按照步骤来使用风机。

⑥ 及时按照风机维护的具体步骤定期检查风机，按期进行，并做好记录；建议每年大修一次，并更换轴承和有关易损件。

3-283 问：变频器参数如何设置?

答：查找此品牌变频器说明书，按照说明书上的参数进行对应设置。

① 电机参数，按照电机铭牌上的额定电压和额定电流进行设定。

② 加减速时间和频率设定。

③ 频率上下限设定。

④ 运转频率设定。

⑤ 电子热过载保护参数设定。

3-284 问：变频器的控制方式有哪些?

答：(1) V/f 控制

V/f 控制是为了得到理想的转矩-速度特性，基于在改变电源频率进行调速的同时，又要保证电动机的磁通不变的思想而提出的，通用型变频器基本上都采用这种控制方式。V/f 控制变频器结构非常简单，但是这种变频器采用开环控制方式，不能达到较高的控制性能，而且在低频时，必须进行转矩补偿，以改变低频转矩特性。

(2) 转差频率控制

转差频率控制是一种直接控制转矩的控制方式，它是在 V/f 控制的基础上，按照已知异步电动机的实际转速对应的电源频率，并根据希望得到的转矩来调节变频器的输出频率，就可以使电动机具有对应的输出转矩。这种控制方式在控制系统中需要安装速度传感器，有时还加有电流反馈，对频率和电流进行控制。因此，这是一种闭环控制方式，可以使变频器具有良好的稳定性，并对急速的加减速和负载变动有良好的响应特性。

（3）矢量控制

矢量控制是通过矢量坐标电路控制电动机定子电流的大小和相位，以对电动机在 d、q、O 坐标轴系中的励磁电流和转矩电流分别进行控制，进而达到控制电动机转矩的目的。通过控制各矢量的作用顺序和时间以及零矢量的作用时间，又可以形成各种 PWM 波，达到各种不同的控制目的。例如形成开关次数最少的 PWM 波以减少开关损耗。目前在变频器中实际应用的矢量控制方式主要有基于转差频率控制的矢量控制方式和无速度传感器的矢量控制方式两种。

（4）远程控制

远程控制是远程上位机或 PLC 通过 485 接口或者网络接口，对变频器进行通信，发出命令控制变频器。

3-285 问：变频器过载故障分析及处理方法是什么？

答：① 电机是否在过负载的状态下使用，检查外围机械负载，电机轴承是否卡死，脱开负载，手动运作电机是否卡死。

② 电机选择参数是否适用电机。检查电机铭牌的额定电压和额定电流是否在变频器上设置准确，查看电子过载参数设置，钳形万用表检测电机运转电流是否过载。

③ 断开变频器上的电机三相线，空载运行变频器，报警仍然存在，表示变频器损坏，更换变频器。

3-286 问：变频器主要包括哪些日常维护内容？

答：清扫空气过滤器冷却风道及内部灰尘。检查螺丝钉、螺栓以及即插件等是否松动，输入输出电抗器的对地及相间电阻是否有短路现象，正常应大于几十兆欧。导体及绝缘体是否有腐蚀现象，如有要及时用酒精擦拭干净。在条件允许的情况下，要用示波器测量开关电源输出各路电压的平稳性，如 5V、12V、15V、24V 等电压。测量驱动电路各路波形的方波是否有畸变。uvw 相间波形是否为正弦波。接触器的触点是否有打火痕迹，严重的要更换同型号或大于原容量的新品；确认控制电压的正确性，进行顺序保护动作试验；确认保护显示回路无异常；确认变频器在单独运行时输出电压的平衡度。

建议定期检查，应一年进行一次。

3-287 问：电磁流量计测量误差大的原因有哪些？

答：电磁流量计是基于法拉第电磁感应定律，即当导电液体流过电磁流量计时，导电液体中会产生与平均流速成正比的电压，其感应电压信号通过两个与液体接触的电极检测，通过电缆传至放大器，然后转换成统一的输出信号。电磁流量计测量误差大主要有以下原因：

① 现场有电磁辐射干扰；

② 对应直管段、弯头、阀门的安装不符合规定要求；

③ 液体中夹带气泡或大颗粒；

④ 管道有泄漏；

⑤ 管道有剧烈振动；

⑥ 传感器与配管不配套；

⑦ 上下阀门有扰动。

3-288 问：电动执行器电气限位的调整方法是什么？

答：松开限位凸轮上的顶丝，用螺丝刀轻顶凸轮角度，从而改变电气限位的开闭角度。确定位置后，紧固凸轮上的顶丝，调整完毕。

3-289 问：蒸汽液用电磁阀的维护保养规程是什么？

答：① 电磁阀安装后需通入介质试验数次，确认正常后方可投入正式使用。

② 应定期清理阀内外及衔铁吸合面的污物，注意不要破坏密封面。

③ 电磁阀较长时间不用时，应关闭阀前手动阀。

④ 电磁阀从管路上卸下不用时，应将阀内外拭净并用压缩空气吹净储存。

⑤ 使用时间较长时，如活塞与阀座间密封不好，可将活塞密封面重新磨平，再和阀座研磨。

3.2.6 其他设备

3-290 问：换热器水管堵塞的故障原因及处理方法是什么？

答：故障原因：换热器进水管长期未清洗堵塞。

处理方法：进水箱前安装过滤网或清洗进水管。

3-291 问：干燥机不转的故障原因及处理方法是什么？

答：① 故障原因：干燥机泥结块。处理方法：清理结块污泥。

② 故障原因：机械卡住。处理方法：检查爬杆位置，调整爬杆。

3-292 问：主机盘车困难如何处理？

答：主机盘车困难可能是由于填料压紧螺丝太紧导致，应调整填料压紧螺母。

3-293 问：出渣间布料机故障排除包括什么内容？

答：① 清洗物位感应器表面。

② 重新设定感应器高度。

③ 检查接线线路是否完好。

④ 查看红外发射是否对齐，对齐发射和接受。

⑤ 查看设置数据是否遗失，遗失的需要进行重新设置。

⑥ 查看主电源，接通电源。

3-294 问：电动机异常的检修内容有哪些？

答：① 检查电流表、电压表、频率表、功率表等有无异常。

② 检查主回路，控制回路是否正常。

③ 检查主回路的导线有无过热现象。

④ 检查二次回路及控制回路保护有无异常。

3-295 问：液压马达噪声的原因及处理方法是什么？

答：液压马达噪声的原因及处理方法见表3-19。

表3-19 液压马达噪声的原因及处理方法

原因分析	处理方法
密封不严，有空气侵入内部	检查有关部位的密封，紧固各连接处
液压轴不同心	校正同心
液压油黏度过大	更换为黏度较小的油液
液压马达的径向尺严重磨损	修磨缸孔，重配柱塞
叶片已磨损	尽可能修复或更换
叶片与定子接触不良，有冲撞现象	进行修整
液压轴被污染，有气泡混入	更换清洁的液压油
定子磨损处理方法	进行修复或更换，如因弹簧过硬造成磨损加剧，则应更换刚度较小的弹簧

3-296 问：液压马达泄漏原因及处理方法是什么？

答：液压马达泄漏的原因及处理方法见表3-20。

表3-20 液压马达泄漏的原因及处理方法

原因分析		处理方法
内部泄漏	配油盘磨损严重	检查配油盘接触面，并加以修复
	轴向间隙过大	检查并将轴向间隙调至规定范围
	配油盘与缸体断面磨损，轴向间隙过大	修磨缸体及配油盘端面
	弹簧疲劳	更换弹簧
	柱塞与缸体磨损严重	研磨缸体孔，重配柱塞
外部泄漏	油端密封磨损	更换密封圈并查明磨损原因
	盖板处的密封圈损坏	更换密封圈
	结合面有污物或螺栓未拧紧	检查、清除并拧紧螺栓
	管接头密封不严	拧紧管接头

3-297 问：给水箱的检查内容有哪些？

答：给水箱关系到生产用水生活用水的供应。应做到每天检查给水箱水位、水压，给水箱入水压力、出水压力，进水阀状态及电机的电流、电压、频率等。

3-298 问：冷却塔的常见问题及处理方法有哪些？

答：冷却塔的常见问题及处理方法见表3-21。

表3-21 冷却塔的常见问题及处理方法

故障现象	原因分析	处理方法
冷却塔噪声故障	长期使用，冷却塔内的润滑油不足或者缺失	首先检查轴承或者是其他地方的润滑油的油量是否充足
	风机风叶选装不稳定，位置发生变化，在高速旋转时风叶触碰到风筒的内壁，造成了摩擦	检查风机叶片位置是否正确，旋转叶片有没有和内壁发生触碰摩擦；及时校正叶片的角度，补充润滑油
	主要的传动装置轴承是最容易出问题的环节，长期转动造成润滑油缺失，增强摩擦的程度	磨损严重的轴承及时进行更换
冷却塔水温不正常	塔内在水循环的时候不通畅，塔内的循环水水量过多或者是太少，风机风量不足，在循环的过程中，发生热气二次循环的现象，其中对温度有重要影响的还有散热片和散水管，要逐一进行排查，及时进行处理	首先查看塔内水量，检查水量是不是符合正常标准，水量过多过少都会造成水温升高；其次检查循环系统，有没有热气在循环；最后检查风机的风量，风量不足或者是不均匀、封口堵塞，都会造成水温升高
冷却塔内水量减少快	水量减少，最直接的影响就是散热状况不佳，该种情况发生极少，主要是由于散水孔或者过滤网堵塞，导致水供应不充足，造成了塔内水量变少，水箱内的水位过低，也会造成塔内水量不足	首先检查水箱的水量，查看水箱内是否水量太少、水位低、水供应不足；再检查主要的散水孔和过滤网是否有堵塞现象，如是则进行清理，严重时更换新的配件
冷却塔水滴量多飞溅	造成此现象最常见的原因是散水管回转速度太多，控制不当，其他的还有散水槽水量过多、散热片阻塞，或者是挡水板位置不对，无法发挥作用。有时还会由于塔内的循环水量过多造成滴水现象	检查塔内的冷却水量，及时控制水量，减少循环水量，调整或者是更换新的挡水板，对已经堵塞的散热片及时进行打通，清洗困难的及时更换新的冷却塔配件

3-299 **问：搅拌机日常维护内容有哪些？**

答： ① 经常检查紧固件是否有松动，密封件是否有渗漏。

② 减速机在运转过程中要注意观察油位、温升和声响是否正常。

③ 定时检查轴承间隙及各易损件的磨损情况。

④ 每年检查一次桨叶磨损情况，叶端允许磨损量不大于10mm，叶片中磨损沟槽深不大于3mm，过损时需及时更换。

3-300 **问：更换轴承润滑油的步骤是什么？**

答： ① 打开轴承压盖。

② 拆卸轴承。

③ 用石油醚清洁轴承。

④ 为轴承添加正确的润滑剂。

3.3 维修人员管理体系

3-301 **问：机修人员的工作职责是什么？**

答： ① 负责生物能源所有机械、仪表、管线设备的检修维修，确保机械、仪表、管线设备的正常运行。

② 根据生物能源机械、仪表、管线设备等设施的大中小修计划，及时完成季度/月度检修任务，满足生产需要。

③ 根据机械、仪表、管线等设施的维护保养月份和年度计划，及时完成机械、仪表、管线等设施的维护保养工作。

④ 严格执行机械、仪表、管线等设施运行、检维修技术规范，确保机械、仪表、管线等设施的安全运行和检维修质量。

⑤ 定期检查机械、仪表、管线等设施的运行状况，做好设备日常维护和安全隐患的整改工作，发现问题及时处理、报告。

⑥ 认真填写设备巡检、维护保养、设备检维修记录，及时做好检维修统计报表。

⑦ 协助工艺操作岗位人员，做好检维修设备的交接使用工作。

⑧ 熟悉生产工艺流程，熟悉设备检维修安全技术规程和设备检维修操作规程，认真贯彻执行各项规章制度。

⑨ 坚持文明生产和安全生产，学习科学技术，不断提高业务水平和检维修技能。

⑩ 完成领导交办的其他任务。

3-302 问：厂区设备润滑保养准则是什么？

答：① 检修人员定期检查油质，对含有杂质、污染或已明显老化的变质油品，必须更换新油。

② 值班人员每天巡检，油位低要及时加油，漏油及时报检修理。

③ 更换新油时，不同牌号、类型的油品不可混用。

④ 更换或添加新油应适量，过多或过少都可能会导致设备润滑效果不佳。

3-303 问：厂区设备检修准则是什么？

答：① 检修设备必须按技术检修规程的有关规定进行。

② 按检修要求做好各项联系工作，确认好拉闸断电后，方可进行工作。

③ 检修时发生故障的处理原则：检修人员应迅速消除对人身、设备的危害，找出故障原因，消除故障。

④ 遇事故时按故障的轻重缓急处理故障，待处理完毕后将故障的处理情况等详细记录在交接班日志上。

3-304 问：修理设备时应做好哪些准备措施？

答：① 切断对应的电源、风源、水源、气源。

② 关闭有关闸板、阀门。

③ 挂上警告牌，必要时须采取可靠的制动措施。

④ 检修工作负责人在工作前，必须对上述安全措施进行检查，确认无误后方可开始工作。

第4章 生产安全控制与管理

4.1 生产安全控制

4-305 **问：生物能源再利用中心（一期）安全生产管理内容有哪些？**

答：生物能源再利用中心（一期）为上海老港废弃物处置有限公司的下属部门，在做好部门级安全管理同时，还需兼顾一部分公司级安全管理的职责。中心以《企业安全生产标准化基本规范》为基础，对在生产作业中涉及人、物、管、环方面的问题进行安全管理。

4-306 **问：生物能源再利用中心（一期）生产安全生产总章程是什么？**

答：第一条：安全生产责任制必须贯彻"安全第一，预防为主，综合治理"的方针和坚持以人为本的原则。安全生产责任制是生物能源再利用中心安全生产规章制度的核心，是最基本的安全管理制度，是做好安全工作的关键。

第二条：各级主要负责人是本厂安全生产第一责任人，其他员工在部门和各自工作范围内，对实现安全生产负责。

第三条：安全生产人人有责，实行一岗双责制，做到有岗必有责，上岗必守责。

4-307 问：生物能源再利用中心（一期）主要职业危害因素有哪些？

答：生物能源再利用中心（一期）主要职业危害因素是 H_2S、NH_3、CO、干化粉尘、噪声、高温等。

① H_2S：主要来自垃圾料坑、调节池、雨污水井、雨污水池、除臭系统末端处理单元、厌氧罐、均质罐、泄漏的未脱硫沼气。

② NH_3：主要来自垃圾料坑、沼渣脱水车间、气浮分离车间。

③ CO：主要来自垃圾料坑、预处理车间。

④ 干化粉尘：主要来自沼渣干化车间。

⑤ 噪声：主要来自预处理车间、锅炉房、发电机房。

⑥ 高温：主要来自锅炉房。

4-308 问：什么是机械伤害？生物能源再利用中心（一期）存在机械伤害风险的设备或区域有哪些？

答：① 机械伤害指的是在运动当中的机械部件、加工件直接与人体接触引起的夹击、碰撞、剪切、卷入、绞、碾、割、刺等形式的伤害。

② 检修设备过程中实行断电、挂牌、监护、监控是有效防范机械伤害的手段，长期暴露在外的旋转部件需加设隔离、围栏、警示标识等防护措施。

③ 生物能源再利用中心（一期）可能造成机械伤害的场所主要在预处理车间内分拣机、碟形筛、离心机等粉碎、剪切、旋转类的设备，外露旋转的电机主轴也有可能造成伤害。

4-309 问：生物能源再利用中心（一期）人工分拣车间主要职业危害因素有哪些，防范措施是什么？

答：人工分拣车间主要职业危害因素有 H_2S、NH_3、CO 等有毒有害物质，滚动的皮带，皮带与挡板之间存在的间隙。宽松的衣服、手套，未扎紧的袖口，垂落的长发，很有可能被缠绕搅入设备。

防范措施如下。

① 车间内必须开启送风装置以置换室内空气。

② 分拣员工在作业过程中必须佩戴符合要求的防毒面具。

③ 每天定时对分拣室内环境做检测，若有毒气体超标，必须撤离人员，

通风并检测合格后方可继续作业。

④ 分拣员工不得长时间作业，按规定轮换交替，夏天高温或特殊情况需增加换班频次。

⑤ 作业时必须正确佩戴安全帽，穿合身工作服，扣紧袖口，使用专用工具对垃圾进行分拣。

⑥ 若衣物肢体被皮带搅入，当事者或同室作业者需立即按下紧急按钮，避免发生机械伤害事故。

4-310 问：厌氧罐、沼气柜主要职业危害因素有哪些？

答： 厌氧罐、沼气柜主要职业危害因素是沼气、H_2S。泄漏的沼气遇火源可造成火灾或爆炸事故，净化前的沼气 H_2S 含量可达 4554mg/m^3，人体吸入后可导致死亡，净化后沼气 H_2S 含量也达到 30mg/m^3 左右，超过作业环境最高容许浓度。

4-311 问：如何排查沼气泄漏点？

答： 外围巡操人员需定期对沼气产生区域进行巡检，确认储罐压力与液位高度，以防沼气冲破水封，现场排查沼气泄漏，可从观察泄漏管道显现的气流波动情况，或部分区域沼气味异常浓重，结合可燃气体检测仪进一步确认泄漏点，如确遇到此情况，立即启动应急措施。

4-312 问：沼气属于危险化学品吗？

答： 沼气中 CH_4 约占 50%～80%。《危险化学品目录》（2019 版）对危化品的定义为：具有毒害、腐蚀、爆炸、燃烧、助燃等性质，对人体、设施、环境具有危害的剧毒化学品和其他化学品。CH_4 为危险化学品，CH_4 为主要成分的沼气具有危险化学品的特性，因此沼气属于危险化学品。

4-313 问：危险源与安全隐患的区别和标准是什么？

答： 危险源指一个系统中具有潜在能量和物质释放危险的、可造人员伤害、在一定的触发因素作用下可转化为事故的部位、区域、场所、空间、岗位、设备及其位置。

安全隐患指生产经营单位违反安全生产法律、法规、规章、标准、规程、安全生产管理制度的规定，或者其他因素在生产经营活动中存在的可能导致不安全事件或事故发生物的不安全状态、人的不安全行为和管理上的缺陷。

判定一类事物属于危险源还是安全隐患，一要看该事物的存在是否会导致事故，二要看治理后危险性是否能够彻底消除。既不会直接导致事故又不能彻底消除危险性的即为危险源，反之则应列为安全隐患。

4-314 问：生物能源再利用中心（一期）双膜沼气柜区域是否属于重大危险源？

答：生物能源再利用中心（一期）单个沼气柜可存沼气 3000m^3，两个沼气柜共 6000m^3，以所产沼气中的甲烷（CH_4）占体积比 60%估算，两个沼气柜共存 CH_4 约 2.6t（CH_4 密度为 0.716g/L）。按照《危险化学品重大危险源辨识》(GB 18218—2018)，一个储存单元中 CH_4 的临界量为 50t 才被认为是重大危险源，因此厂区内的沼气柜不满足重大危险源条件，不属于重大危险源。

4-315 问：如果沼气泄漏应如何应急处理？

答：① 沼气泄漏时，应根据泄漏的环境与特点，迅速有效排除险情，避免发生爆炸燃烧事故。处理沼气泄漏时，必须遵循“先防爆，后排险”的原则。

② 沼气一旦发生泄漏，应及时关闭阀门，切掉气源，若阀门损坏，可用麻袋、布料缠住漏气处。若管道破裂导致泄漏，立即切断前端阀门，使破裂管道内的沼气自然放空稀释后方可进行修补作业。

③ 进入泄漏点前必须关闭手机，不可穿化纤服装与钉鞋，以防产生静电。

④ 若泄漏点位于沼气预处理系统前端，工作人员必须配备四合一气体检测仪与防硫化氢面罩方可进入现场。

⑤ 若泄漏点位于地坑、地下池等密闭空间，必须排空区域中的沼气后方可进行修补作业。

⑥ 抢修过程中，无关人员不得靠近，禁止使用一切非防爆设备设施。

4-316 **问：沼气柜区域凝水器沼气泄漏的应急处理方法是什么？**

答：两个沼气柜之间的凝水器坑中有沼气管道经过，且有密封盖板覆盖，若管道泄漏极易发生沼气积蓄后爆炸的事故。坑深约2m，人员进出需借助垂直爬梯。凝水器沼气泄漏后应急处理方法如下。

① 小心打开密封盖板，释放沼气。

② 进入作业场所前必须穿戴防静电劳动防护用品，使用防爆对讲机，关闭手机，携带泵吸式气体检测仪。

③ 必须两人及以上人员同时在场，确保有人在上方监护。

④ 进入作业场所后逐一检查管道与沼气泄放口，确认漏点后，采用相应方法阻止泄漏。

⑤ 泄漏阻止后，再次检测泄放口，确保无沼气溢出，盖上密封盖板。

4-317 **问：生物能源再利用中心（一期）存在H_2S危害风险的区域有哪些？**

答：硫化氢（H_2S）无色，低浓度时具有臭鸡蛋气味，可溶于水。接触低浓度H_2S会刺激呼吸道和眼部，接触高浓度H_2S时，会出现中枢神经系统症状和窒息症状，可致人瞬间死亡。生物能源再利用中心（一期）下水道、长时间积水的地坑、调节池与厌氧发酵后的产物均有H_2S气体产生，未脱硫沼气中H_2S浓度可达3036mg/m^3。

4-318 **问：生物能源再利用中心（一期）存在NH_3危害风险的区域有哪些？**

答：氨气（NH_3）无色，有强烈刺激性气味，可溶于水，对皮肤、眼睛、呼吸器官黏膜有灼伤作用，人体吸入过多，能引起肺肿胀，以致死亡。生物能源再利用中心（一期）沼渣脱水车间和气浮分离车间内存在可被测得的NH_3。

4-319 问：生物能源再利用中心（一期）存在CO危害风险的区域有哪些？

答：一氧化碳（CO）无色、无味，为可燃性有毒气体，人体长时间吸入后会对脑、心、肝、肺、肾造成损伤，没有及时救治可致死。垃圾暂存料坑，预处理车间粉碎的垃圾都会产生CO。

4-320 问：沼气柴油两用锅炉可能产生的主要事故有哪些？

答：① 锅炉超压、结垢导致锅炉爆炸事故。

② 沼气泄漏遇明火造成火灾。

③ 点火时油雾达到燃爆极限导致炉膛燃爆事故。

④ 蒸汽管道泄漏发生烫伤事故。

4-321 问：锅炉超压导致锅炉爆炸事故的原因及预防措施是什么？

答：（1）原因

① 安全阀失效。

② 锅炉内部严重结垢。

③ 锅炉严重缺水导致干烧。

（2）预防措施

① 安全阀每年进行强制检验，压力表每半年进行强制检验。

② 需要每天冲洗液位计，保证读取正确。

③ 锅炉每两年委托有资质的单位内部检测一次，且每年外部检测一次。

④ 司炉工在锅炉正常运转期间，不可随意离开锅炉房。

⑤ 发现锅炉正常泄压后仍超压需立即停炉。

⑥ 冗余的压力表和液位计读数明显异常时需停炉检查。

⑦ 严重缺水、异响或锅炉不明故障需立即停炉。

⑧ 定期对锅炉软水进行化验，若数值异常需及时干预，以防锅炉内部结垢。

4-322　问：锅炉运行时无法观测到水位表水位线的原因及预防措施是什么？

答：（1）原因

① 水位超过最高水位，处于满水状态。

② 水位低于最低水位，处于干烧状态。

（2）预防措施

① 将水泵打在“自动”状态。

② 司炉工在锅炉正常运转期间，不可随意离开锅炉房。

③ 实时监测水位。

④ 冲洗水位表。

⑤ 满水时，打开排污阀放水直至看到液位计。

⑥ 严重缺水时，停炉报修。

4-323　问：车间行车使用管理规定是什么？

答：① 行车必须按照国家规定进行安全检查，包括每天作业前检查、定期检查，对检查中发现的问题，必须立即进行检修处理并保存检修档案。

② 行车操作人员严禁湿手或带湿手套操作，操作前需将手上的油、水擦拭干净，以防造成漏电伤人事故。

③ 行车有故障需进行维修时，应停靠在安全地点，切断电源，挂上“禁止合闸”警示牌。

④ 行车操作人必须配合挂钩起重人员指挥，且对任何人发出的紧急停车信号，应立即响应停车。

⑤ 起吊过程中，人员不得从吊物下方经过。

⑥ 选用合适吊具，严禁超载运行。

4-324　问：卸料大厅清洁作业安全防范措施是什么？

答：① 现场人员必须穿反光背心，远离行驶、转弯、倒车的车辆。

② 清洁料坑时，现场人员必须系安全绳，清洗要在车辆驶出后进行。

③ 司机需严格听从现场指挥，一切操作均由现场人员发号施令，并且始终保持沟通顺畅。

4-325 问：进入设备内部检修时，避免伤害的措施有哪些？

答：对分拣机、碟形筛等设备进行清洁、维修等作业时，需做好以下工作避免伤害。

① 开具工作票，并告知检修、生产、电气、中控人员。

② 切换就地模式，关闭设备开关，配电室断闸并挂“禁止合闸”警示牌，再次打开设备开关，确认是否断电，并挂检修牌。

③ 检修现场必须有一个或以上人员在场监护。

④ 检修完毕，人员离开设备，并确认设备内部无检修工具后方可启动。

4-326 问：生物能源再利用中心（一期）交通事故预防措施有哪些？

答：① 厂区门口安装限速牌，提醒车辆不得超速驾驶。

② 卸料大厅作业人员必须穿反光背心。

③ 卸料大厅内车辆倒车时，周围不得站人，确保人员位于司机视野范围内。

④ 道路转弯区域加装凸镜。

4-327 问：现场人员滑倒摔伤事故原因及预防措施有哪些？

答：管道损坏、接头处泄漏、更换机油时滴漏，可造成地面积液、积油，若不及时处理，容易发生人员滑倒事故。如发现地面有积液、油渍时，及时清洁地面，查明原因后快速修补漏点，无法及时修补的，设立警戒，告知经过人员。

4-328 问：生物能源再利用中心（一期）有哪些特种设备？

答：特种设备是指危险性较大并涉及生命安全的锅炉、压力容器（含气瓶）、压力管道、电梯、起重机械、客运索道、大型游乐设施和场（厂）内的专用机动车辆。生物能源再利用中心（一期）特种设备分布区域、作用如下。

① 卸料平台的抓斗主要用于转移厨余垃圾至步进式给料机，与维修吊装的行车同属起重机械。

② 沼气柴油两用锅炉、余热锅炉用来生产蒸汽，属锅炉。

③ 蒸汽输送管穿越整个厂区，属压力管道。

④ 存储压缩空气的储罐、用来电焊的压缩气体钢瓶属压力容器。

⑤ 叉车属厂内专用机动车辆。

4-329 问：生物能源再利用中心（一期）不同岗位工作人员作业时需穿戴哪些劳防用品？

答：① 全厂戴安全帽，穿防滑劳保鞋。

② 各车间普遍存在蒸汽储存容器、蒸汽管道和具有高温表面的设备，开关阀门必须戴隔热手套。

③ 卸料大厅保洁人员必须穿反光背心，清洗料坑作业人员必须系安全带，挂保险钩。

④ 外围巡检人员工作时必须穿戴防静电服、防静电鞋、防静电手套，配备防爆对讲机，泵坑内检修管路或遇沼气大量泄漏必须戴防硫化氢面罩。

⑤ 电工必须穿绝缘鞋，戴绝缘手套。

⑥ 机修人员必须戴防割伤手套。

⑦ 预处理车间、锅炉房、发电机房等高噪声场所必须佩戴耳塞。

4-330 问：生物能源再利用中心（一期）存在粉尘爆炸风险的区域有哪些？

答：粉尘爆炸，是指可燃粉尘与空气混合形成的粉尘云，达到一定条件时，在点火源的作用下，粉尘空气混合物快速燃烧，并引起温度压力急骤升高的化学反应。生物能源再利用中心（一期）沼渣干化车间出渣口有机干化粉尘浓度较高，在一定条件下存在爆炸风险。

4-331 问：生物能源再利用中心（一期）存在噪声危险源的区域有哪些？

答：噪声是一类引起人烦躁，或音量过强而危害人体健康的声音。根据《职业性噪声聋的诊断》（GBZ 49—2014）规定，噪声作业指工作场所噪声强度超过工作场所有害因素职业接触限值的作业，即8h等效声级≥85dB。生物能源再利用中心（一期）预处理车间、锅炉房、发电机房等区域存在噪声超标情况，员工在内作业时间不得过长，并必须佩戴耳塞，以降低噪声危害。

4.2 消防安全控制

4-332 问：生物能源再利用中心（一期）消防安全和防护制度是什么？

答：① 实行逐级防火责任制，即以经理、主管、班组长等为防火责任人的责任制，负责防火安全工作，正确处理防火安全与生产的关系。

② 贯彻执行消防工作法规、法令，遵守消防工作规章制度，建立防火制度并落实执行。

③ 实行岗位防火安全责任制，根据不同岗位，结合生产管理，明确每名职工的防火安全工作责任，并严格落实执行。

④ 经常性开展安全教育，普及消防知识，学习消防法规。

⑤ 建立防火安全检查制度，整改火险隐患，堵塞火险漏洞，防止火灾发生。

⑥ 按消防有关规定和安全生产运行要求，在各个生产车间配备消防器材和设施。

⑦ 对救护用品根据损坏程度予以更换，对灭火器等消防用品定期检查，过期予以更换。

⑧ 认真做好避雷针检修工作，除一般检修外，还需按国家有关规定对避雷针做好校验工作，保证避雷器功能正常，不符合要求的部件或装置需更换或检修。

⑨ 爱护消防器材，不挪为他用。

⑩ 发生火灾事故时，积极组织扑救，并协助公安机关查明原因，严肃处理。

4-333 问：生物能源再利用中心（一期）存在火灾风险的区域有哪些？

答：沼气柜、厌氧罐区域管道、水封、紧急泄放口被火源引燃可能造成火灾，料坑内的垃圾物料若未及时处理，可能逐步发酵产生 CH_4、CO、H_2S，也可能造成火灾。

4-334 **问：配电室火灾预防措施有哪些？**

答：① 禁止带入火种，禁止吸烟。

② 禁止堆放可燃物。

③ 控制配电室内温度，以防电路过热造成火灾。

④ 定期清扫配电室积灰，以防机柜内部积热导致火灾。

4.3 用电安全控制

4-335 **问：生物能源再利用中心（一期）用电作业安全规程是什么？**

答：① 电气操作工必须持证上岗，熟悉供电系统和配电间各种电气设备的性能和操作方法，并具备在异常情况下采取措施的能力。

② 电气操作工必须认真按巡查周期、固定路线巡查，对电气设备异常状态要做到及时发现、认真分析、正确处理，短时无法解决的问题需及时上报，同时告知相关现场作业人员。

③ 电气操作工巡查时，在确保安全的情况下，做到用眼看、耳听、鼻嗅，确切掌握电气设备运行情况；巡查后，应将巡查时间、范围、异常情况如实做好记录。

④ 电气设备和电路检维修操作过程中，不论是否断闸，都应视同带电状态，工作人员必须做好相应防护工作；电气设备停电后，在未拉开刀闸和做好安全措施以前应视同带电，不得触及电气设备，以防突然来电。

⑤ 施工和检修需停电时，电气操作工应按照工作票要求做好安全措施，包括停电、验电、装设遮拦和悬挂标示牌，会同负责人现场检查确认无电，并交代附近带电设备位置和注意事项，然后双方办理许可开工签字，方可开始工作。准备送电前，做到反复确认，若对讲机等通信设备信号不良，需抵达现场确认。

⑥ 进行停、送电倒闸操作时，电气操作工必须得到电气主管的确认后方进行操作，并且必须将停、送电倒闸操作过程做好记录。

⑦ 停电拉闸必须按照负荷开关、负荷侧刀闸、母线侧刀闸的顺序依次操作。

⑧ 高压设备上的倒闸操作，必须由两人执行，并由对设备更为熟悉的一人担任监护人。

⑨ 低压回路停电检修时应断开电源，取下熔断器，在倒闸操作把手上挂“禁止合闸，有人工作”的标示牌。

⑩ 用绝缘棒拉合高压刀闸或经传动拉合高压刀和油开关，都应戴绝缘手套；雨天操作室外高压设备时，应穿绝缘靴；雷电时禁止进行倒闸操作。

⑪ 带电装卸熔断器时，应戴防护眼镜和绝缘手套，必要时使用绝缘夹钳，并站在绝缘垫上。

⑫ 高压设备停电工作时，距离工作人员工作中正常活动范围小于 0.35m 必须停电；距离大于 0.3m 但小于 0.7m 的设备必须在与带电部位不小于 0.35m 的距离处设牢固的临时遮拦，否则必须停电；带电部位在工作人员的后面或两侧无可靠措施时也必须停电。

⑬ 停电时必须切断各回路可能来电的电源，使各回路至少有一个明显的断开点；变压器与电压互感器必须从高低压两侧断开；电压互感器的一、二次熔断器都要取下；开关的操作电源要断开；刀闸的操作把手要锁住。

⑭ 验电时必须用电压等级合适并且合格的验电器，在检修设备时出线两侧分别验电；验电前应先在有电设备上试验证明验电器良好；高压设备验电必须戴绝缘手套。

⑮ 在带电设备附近工作时，必须设专人监护，带电设备只能在工作人员的前面或一侧，否则应停电进行。

⑯ 低压设备带电工作时，应设专人监护，工作中要戴工作帽，穿长袖衣服，戴绝缘手套，使用有绝缘柄的工具，并站在干燥的绝缘物上进行工作；相邻的带电部分，应用绝缘板隔开，严禁使用锉刀、金属尺和带有金属物的毛刷、毛掸工具。

⑰ 发生触电事故和火灾事故时，电气操作工应立刻断开有关设备电源，避免事态扩大，为人员抢救创造条件。

⑱ 电器设备发生火灾时，应使用 CCl_4、CO_2 灭火器或 1211 灭火器扑救。

4-336 问：狭窄与潮湿受限空间照明及用电安全注意事项有哪些？

答： ① 受限空间照明电压应小于或等于 36V，在狭小、潮湿容器内作业，电压应≤12V。

② 在潮湿容器中，作业人员应站在绝缘板上，同时保证金属容器接地可靠。

4-337 问：生物能源再利用中心（一期）易燃易爆区域电气设备如何管理？

答：① 严禁在有爆炸和火灾危害的场所架设临时线路。

② 易燃易爆场所的电气设计，应符合该场所防爆要求。正常运行可能发生火花或产生高温的电气设备，应布置在易燃易爆场所以外。

③ 在易燃易爆场所内，当电气设备有超负荷的可能时，应设有可靠的超负荷保护装置。

④ 在生产时不允许工作人员进入的危险作业场所，其生产用电设备的控制按钮应安装在门外，并与门联锁，确保门关闭后用电设备才能启动。

⑤ 对于易燃易爆场所的电气装置应加强维修保养和定期检修、调试工作，保持良好的状态，严禁“带病”运行。

4-338 问：发生触电事故的原因有哪些？

答：① 电源开关损坏、湿手触碰开关及绝缘破损。

② 未安装漏电保护开关或保护开关失效。

③ 设备未等电位连接。

④ 高压倒闸操作不规范，或操作过程中未正确使用、穿戴绝缘工具、劳保用品。

4-339 问：触电事故预防措施有哪些？

答：① 及时更换损坏开关、破损电线。

② 经常性检查漏电保护开关是否正常。

③ 设备需按要求进行等电位连接。

④ 按规程进行高压倒闸操作。

⑤ 使用绝缘工具、绝缘劳保用品。

4.4 特种作业安全控制

4-340 问：生物能源再利用中心（一期）受限空间作业安全规程是什么？

答：① 受限空间作业包括调节池、厌氧罐、污水井或其他封闭场所的清疏、维修、施工和检查作业。

② 人员作业前必须接受相关安全技术培训，掌握正确急救和防护用具、照明及通信设备的使用方法及相关的安全知识。

③ 由作业单位申请《受限空间作业证》，确认作业单位、作业负责人、作业人、监护人。

④ 严格遵循“先通风、再检测、后作业”的原则。

⑤ 受限空间作业过程需监护人全程进行监护。

⑥ 受限空间作业结束后，必须仔细清理作业现场，确认作业空间内无其他人员及遗留工具，完毕后方可对受限空间进行封闭。

⑦ 受限空间证一式三份，由作业负责人、监护人、受限空间所在单位保管。

4-341 问：生物能源再利用中心（一期）受限空间有哪些？

答：所谓受限空间，指的是进出口受限，通风不良，可能存在易燃易爆、有毒有害物质或缺氧，对进入人员的身体健康和生命安全构成威胁的封闭、半封闭设施及场所，如反应器、塔、釜、槽、罐、炉膛、锅筒、管道以及地下室、窨井、坑（池）、下水道或其他封闭、半封闭场所。

生物能源再利用中心（一期）调节池、浆液暂存池、厌氧罐、均质罐、沼渣沼液罐、地下泵坑、雨水池、窨井等区域均为受限空间，清洁、维修时必须开工作票，并做好相应防护措施。

4-342 问：受限空间作业前的准备工作有哪些？

答：① 与受限空间连通的可能危及安全作业的管道应采用插入盲板或拆除一段管道进行隔绝。

② 与受限空间连通的可能危及安全作业的孔、洞应进行严密封堵。

③ 受限空间内用电设备应停止运行并有效切断电源，在电源开关处上锁并加挂警示牌。

④ 应根据受限空间盛装（过）的物料特性，对受限空间进行清洗或置换，并达到如下要求。

a. O_2 含量为 18%～21%，富氧环境下不应大于 23.5%。

b. 有毒气体（物质）浓度应符合《工作场所有害因素职业接触限值》（GBZ 2.1—2007）的规定，H_2S、NH_3、CO 的含量分别控制在 $10mg/m^3$、$20mg/m^3$、$20mg/m^3$ 以下。

c. 可燃气体浓度要求低于 10%LEL（Lower Explosive Limited，爆炸下限）。

⑤ 应保持受限空间空气流通良好，可采取如下措施。

a. 打开人孔、手孔、料孔、风门、烟门等与大气相通的设施进行自然通风。

b. 必要时，应采用风机强制通风或管道送风，管道送风前应对管道内介质和风源进行分析确认。

4-343 问：受限空间作业气体检测的具体要求有哪些？

答：① 作业前 30min 内，对受限空间进行气体采样分析，分析合格后方可进入，如现场条件不允许，时间可适当放宽，但不应超过 60min。

② 监测点应有代表性，容积较大的受限空间，应对上、中、下各部位进行监测分析。

③ 分析仪器应在校验有效期内，使用前应保证其处于正常工作状态。

④ 作业中应定时监测，至少每 2h 监测一次，如监测分析结果有明显变化，应立即停止作业，撤离人员，对现场进行处理，分析合格后方可恢复作业。

⑤ 对可能释放有害物质的受限空间，应连续监测，情况异常时应立即停止作业，撤离人员，对现场处理，分析合格后方可恢复作业。

⑥ 涂刷含有挥发性溶剂的涂料时，应做连续分析，并采取强制通风措施。

⑦ 作业中断时间超过 30min 时，应重新进行取样分析。

4-344 问：受限空间作业的防护措施有哪些？

答：① 缺氧或有毒的受限空间经清洗或置换仍达不到要求的，应佩戴隔离式呼吸器，必要时应拴救生绳。

② 易燃易爆的受限空间经清洗或置换仍达不到可燃气体检测要求的，应穿防静电工作服及防静电工作鞋，使用防爆型低压灯具及防爆工具。

③ 含酸碱等腐蚀性介质的受限空间，应穿戴防酸碱防护服、防护鞋、防护手套等防腐蚀护品。

④ 高温的受限空间，进入时应穿戴高温防护用品，必要时采取通风、隔热、佩戴通信设备等防护措施。

4-345 问：受限空间作业注意事项有哪些？

答：① 在受限空间外应设有专人监护，作业期间监护人员不得离开。

② 在风险较大的受限空间作业时，应增设监护人员，并随时与受限空间内作业人员保持联络。

③ 受限空间外应设置安全警示标志，备有空气呼吸器（氧气呼吸器）、消防器材和清水等应急用品。

④ 受限空间出入口应保持畅通。

⑤ 作业前后应清点作业人员和作业工器具。

⑥ 作业人员不应携带与作业无关的物品进入受限空间。

⑦ 作业中不应抛掷材料、工器具等物品。

⑧ 在有毒、缺氧环境下不应摘下防护面具。

⑨ 不应向受限空间充氧气或富氧空气。

⑩ 离开受限空间时应将气割（焊）工器具带出。

⑪ 难度大、劳动强度大、时间长的受限空间作业应采取轮换作业方式。

⑫ 作业结束后，受限空间所在单位和作业单位共同检查受限空间内外，确认无问题后方可封闭受限空间。

⑬ 最长作业时限不应超过 24h，特殊情况超过时限的应办理作业延期手续。

4-346 问：生物能源再利用中心（一期）动火作业安全规程是什么？

答：① 动火人员必须持证上岗，接受必要的安全作业技术培训，掌握防护用具和灭火器的使用方法及相关安全知识。

② 对动火区域进行分析，判断是否具备动火条件。

③ 由动火单位申请《动火作业证》，确认动火单位、动火作业负责人、动火人、监火人。

④ 根据动火作业地点确定动火等级。

⑤ 根据现场测试数据、分析结果，确定可否进行动火作业。

⑥ 动火作业过程需监火人全程进行监护。

⑦ 动火作业结束后，必须仔细清理作业现场，确认火种熄灭。

⑧ 动火许可证一式三份，按动火等级不同交由相关人员保管。

4.5 实验室安全控制

4-347 问：实验室主要职业危害因素有哪些？

答：① 仪器、烘箱等设备漏电导致触电。

② 烘箱高温导致烫伤。

③ 玻璃器皿掉落、碎裂导致划伤。

④ 试剂泄漏、倾倒导致化学灼伤。

⑤ 实验室排风不畅导致工作人员中毒。

4-348 问：化学药品灼伤预防措施有哪些？

答：① 试剂瓶、杯轻拿轻放，防止化学药品倾倒。

② 佩戴护目镜、口罩、橡胶手套等，避免直接接触化学药品。

③ 试剂瓶放置位置远离柜面、桌面边。

④ 配备紧急处理药物箱。

4-349 问：实验室触电事故的原因及预防措施是什么？

答：（1）原因

① 液体溅射或触碰带电设备。

② 多个设备连接到一个插线板上，导致用电过载发生电气火灾。

③ 没有使用具有漏电保护的电源。

④ 操作人员湿手或手握湿物体接触带电设备。

（2）预防措施

① 开机前检查电源线，有电线裸露及时报告。

② 严禁湿手接触仪器、电源、插座。

③ 清洗试验器皿时避免水溅射到设备、电源开关、插座上，不得用湿布擦拭仪器。

④ 发生漏电后切断电源并通知电工检查线路。

⑤ 上级电源安装漏电保护器。

4-350 问：生物能源再利用中心（一期）危险化学品有哪些？

答：① 沼气，主要成分为 CH_4。

② 除臭系统用的 NaOH、NaClO 药剂。

③ 化验室具有腐蚀性的试剂。

4-351 问：生物能源再利用中心（一期）工作人员现场取样时防范措施有哪些？

答：① 取样时需佩戴防腐蚀手套、防化学溅射护目镜。

② 取样结束后立即合上浆料池盖或关闭取样口阀门，以防浆料喷出或人员坠入池中。

4-352 问：腐蚀性液体伤害应急处理方法有哪些？

答：① 酸碱溶液进入眼部。立即在现场找到清洁水源（自来水等），冲洗眼睛 15min 以上。具体方法：翻开上下眼皮，让缓慢流动的水流直接流过眼球表面；或用脸盆盛满清洁的水，将眼睛浸入水中，连续做睁眼闭眼动作。冲洗完后，立即送医。

② 酸碱皮肤伤害。立即采用清水冲洗，如伤害严重，需立即送医。

4.6 应急预案

4-353 问：受限空间应急救援措施有哪些？

答：① 受限空间作业时，现场必须配备救援物资与救援人员。

② 当受限空间内作业人员长时间没有答应回复时，应急预案启动。

③ 应急救援人员佩戴好相应劳防用品，携带气体报警仪、救援绳与救援工具进入受限空间内。

④ 进入受限空间的应急救援人员需时刻向外报告空间内气体数据、事态状况。

⑤ 应急救援人员在保证自身安全的同时，将受困人员带离受限空间。

⑥ 若发现内部情况复杂或情况不明，救援人员需立即撤退，并将情况向现场指挥报告，指挥根据现场情况判断下一步救援措施或请求外来支援。

⑦ 被救人员转移至通风顺畅的平地，若被救人员失去意识需立即进行心肺复苏，直到人员苏醒，若仍没有意识，必须持续进行心肺复苏，直至救援车辆到来。

4-354 问：若发生触电事故，应对措施有哪些？

答：（1）低压触电事故

① 立即断开上级电源。

② 若第一时间无法断电，使用长条绝缘物将伤者挑离事发地点。救援者必须穿戴绝缘鞋和绝缘手套。

（2）高压触电事故

① 立即通知有关部门停电。

② 停电时穿戴相应劳保用品，按顺序进行断闸操作。

（3）对触电者的紧急救护

① 当触电者脱离电源后失去知觉，必须立即进行心肺复苏，直到人员苏醒，若仍没有意识，必须持续进行心肺复苏，直至救援车辆到来。

② 当触电者有外伤时，必须帮助止血，避免流血过多致其死亡。

4-355 问：若发生火灾事故，应对措施有哪些？

答：① 首先判断起火点的位置和发生火灾的类型。

② 若为输气管道泄漏发生的初期火灾，需先切断燃气前端供给，使用消防水对起火点及其周边区域进行稀释降温，直至火灾完全熄灭。

③ 若为油品初期火灾，需用干粉或泡沫灭火器，配合沙子和灭火毯进行灭火。

④ 若为600V以下的电气初期火灾，可直接使用CO_2灭火器进行灭火。超过600V的初期火灾，需立即切断上级电路，随后使用CO_2灭火器灭火。

⑤ 若为办公室、仓库、车间发生的初期火灾，首先切断此区域电源，并使用消防水或干粉灭火器进行灭火。

⑥ 当火灾已无法控制，现场人员必须立即撤离，请求消防相关单位进行救援，在保证人员安全的情况下，切断或移除可燃物，避免火势进一步扩大。

4-356 问：生物能源再利用中心（一期）沼气柜的最大抗风等级是多少？

答：① 按照设计，沼气柜最大抗风等级为12级。

② 当发布台风红色预警时，必须立即停产，沼气柜、厌氧罐提前放空，用重物压泄放后的气膜，提前停止进料，使得厌氧产气大幅降低，预处理也停止生产。若发布的是台风橙色预警，也需要时刻关注风级变化，提前做出防范措施。

4-357 问：生物能源再利用中心（一期）防台防汛需做哪些工作？

答：① 当车间屋面渗漏，雨水流入预处理地下泵坑时，迅速切断泵坑内设备电源，使用防汛沙袋垒高入口，不让雨水继续侵入地下室，同时用蓄水桶盛放屋顶滴水，并第一时间调用抽水泵对地下室进行排水。

② 当配电室进水时，使用抽水泵对室内电缆沟进行排水，以防水面涌至地面，造成机柜进水，紧急情况时必须切断配电室电闸。

③ 当即时风力接近13级时，须停止预处理进料，暂停厌氧罐搅拌，切断进入气柜的前端沼气管道，同时放空厌氧罐和沼气柜内沼气，塌落的气膜需用重物压紧。

④ 一旦险情无法控制，关闭所有电源，并要求所有人员撤离现场，确保人员安全。

4.7 安全人员管理体系

4-358 问：生物能源再利用中心（一期）安全生产管理人员的岗位职责是什么？

答：根据2021年新修订的《安全生产法》相关要求，安全生产管理人员的职责如下。

① 组织或参与拟订本单位安全生产规章制度、操作规程和生产安全事故应急救援预案。

② 组织或参与本单位安全生产教育和培训，如实记录教育和培训情况。

③ 组织开展危险源辨识和评估，督促落实本单位重大危险源的安全管理措施。

④ 组织或参与本单位应急救援演练。

⑤ 检查本单位安全生产状况，及时排查生产安全事故隐患，提出改进安全生产管理的建议。

⑥ 制止和纠正违章指挥、强令冒险作业、违反操作规程的行为。

⑦ 督促落实本单位安全生产整改措施。

4-359 问：生物能源再利用中心（一期）安全员的工作内容是什么？

答：① 对作业场所进行危险源辨识，组织或参与拟订安全规章制度和操作规程。

② 根据各岗位的危险源伤害和职业病防护要求选配安全防护用品。

③ 参与制订日常安全检查和专项安全检查的内容，并定期组织现场检查。

④ 定期组织生物能源再利用中心（一期）生产安全事故应急演练。

⑤ 督促各岗位履行安全职责，并进行考核。

⑥ 制订和整理安全管理相关台账。

4-360 问：生物能源再利用中心（一期）安全员日常巡检需注意哪些事项？

答：① 生产作业区域工作人员是否存在危险作业情况。

② 现场特种作业是否办理工作票，是否有指定人员监管。

③ 现场作业使用的工器具、临时用电是否符合要求。

④ 现场安全设施是否正常使用，安全标识是否缺失。

4-361 问：生物能源再利用中心（一期）安全管理组织架构是什么？

答：安全管理组织架构见图 4-1。

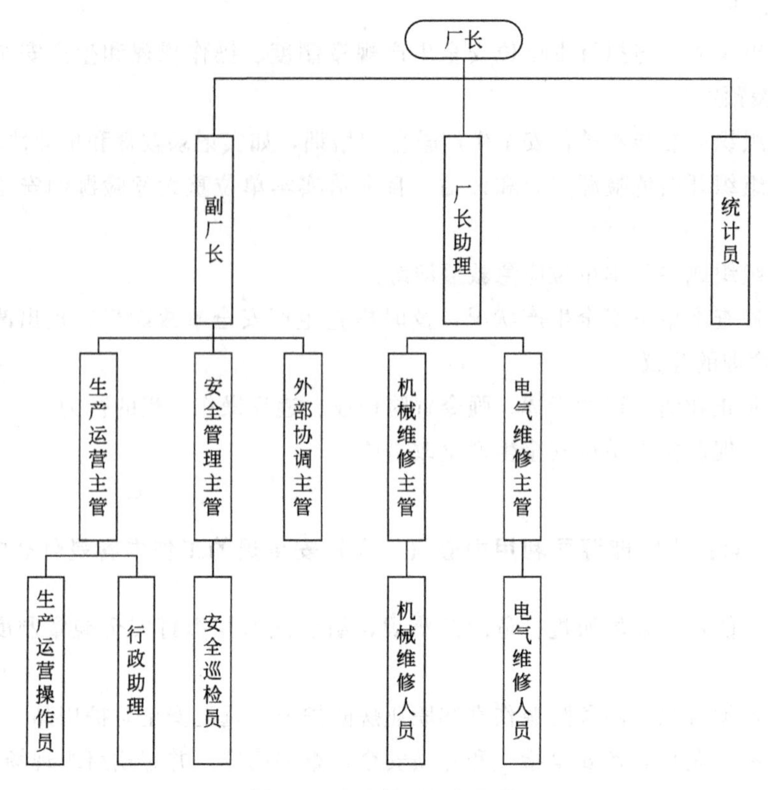

图 4-1　安全管理组织架构

4-362 问：外来人员参观生物能源再利用中心（一期）需注意哪些安全事项？

答：① 参观前必须正确佩戴安全帽。

② 参观时由工作人员全程陪同，不得随意触碰、移动设备。

③ 听从工作人员指挥，不得随意走动、进入危险区域。

④ 注意厂内机动车，留意各区域警示标识。

⑤ 注意地面坑井，禁止翻越围栏、攀爬扶梯。

⑥ 参观时感到头晕恶心，需及时告知厂内陪同人员。

⑦ 吸烟必须到指定地点，其他区域严禁私自使用明火。

参考文献

[1] 魏泉源，吴树彪，阎中．城市餐厨垃圾处理与资源化［M］．北京：化学工业出版社，2019.

[2] 陈冠益．餐厨垃圾废物资源综合利用［M］．北京：化学工业出版社，2018.

[3] 王梅．餐厨垃圾的综合处理工艺及应用研究［D］．西安：西北大学，2008.

[4] 张庆芳，杨林海，周丹丹．餐厨垃圾废弃物处理技术概述［J］．中国沼气，2012，30（1）：22-26，37.

[5] 王向会，李广魏，孟虹，等．国内外餐厨垃圾处理状况概述［J］．环境卫生工程，2005，（2）：41-43.

[6] 朱芸，王丹阳，弓爱君，等．餐厨垃圾的处理方法综述［J］．环境卫生工程，2011，19（3）：50-52.